영재학급, 영재교육원,
경시대회 준비를 위한

창의사고력
초등수학

Lv. **2**

기본 **C**

연산·공간·논리추론

머리말

"

서로 다른 펜토미노 조각 퍼즐을 맞추어
직사각형 모양을 만들어 본 경험이 있는지요?

한참을 고민하여 스스로 완성한 후 느끼는 행복은 꼭 말로 표현하지 않아도 알겠지요.
퍼즐 놀이를 했을 뿐인데, 여러분은 펜토미노 12조각을 어느 사이에 모두 외워버리게
된답니다. 또 보도블록을 보면서 조각 맞추기를 하고, 화장실 바닥과 벽면의 조각들을
보면서 멋진 퍼즐을 스스로 만들기도 한답니다.
이 과정에서 공간에 대한 감각과 또 다른 퍼즐 문제, 도형 맞추기, 도형 나누기에 대한
자신감도 생기게 되지요. 완성했다는 행복감보다 더 큰 자신감과 수학에 대한 흥미가
생기게 되는 것입니다.

팩토가 만드는 창의사고력 수학은 바로 이런 것입니다.

수학 문제를 한 문제 풀었을 뿐인데, 그 결과는 기대 이상으로 여러분을 행복하게
해줍니다. 학교에서도 친구들과 다른 멋진 방법으로 문제를 해결할 수 있고, 중학생이
되어서는 더 큰 꿈을 이루는 밑거름이 되어 줄 것입니다.
물론 고민하고, 시행착오를 반복하는 것은 퍼즐을 맞추는 것과 같이 여러분들의
몫입니다. 팩토는 여러분에게 생각할 수 있는 기회를 주고, 그 과정에서 포기하지
않도록 여러분들을 도와주는 친구가 되어줄 것입니다.
자 그럼 시작해 볼까요?

"

Contents

Ⅰ 연산

1 식 완성하기 ——————— 8
2 가장 큰 값, 가장 작은 값 ——————— 12
3 벌레 먹은 셈 ——————— 16
4 복면산 ——————— 22
5 도형이 나타내는 수 ——————— 26
6 연산 기호 넣기 ——————— 30

Ⅱ 공간

1 블록의 개수 ——————— 42
2 위, 앞, 옆에서 본 모양 ——————— 46
3 소마큐브 ——————— 50
4 같은 주사위 ——————— 56
5 색종이 겹치기 ——————— 60
6 색종이 자르기 ——————— 64

Ⅲ 논리추론

1 리그와 토너먼트 ——————— 76
2 진실과 거짓 ——————— 80
3 빈 병 바꾸기 ——————— 84
4 배치하기 ——————— 90
5 순서도 해석하기 ——————— 94
6 연역표 ——————— 98

구성과 특징

📖 **팩토를 공부하기 前 >> 진단평가**

진단평가
바로가기

유치부 진단평가 · 다운로드
초등1 진단평가 · 다운로드
초등2 진단평가 · 다운로드
초등3 진단평가 · 다운로드
초등4 진단평가 · 다운로드
초등5 진단평가 · 다운로드
초등6 진단평가 · 다운로드

1 매스티안 홈페이지 www.mathtian.com의 교재 자료실에서 해당 학년의 진단평가 시험지와 정답지를 다운로드 하여 출력한 후 정해진 시간 안에 풀어 봅니다.

2 학부모님 또는 선생님이 정답지를 참고하여 채점하고 채점한 결과를 홈페이지에 입력한 후 팩토 교재 추천을 받습니다.

📖 **팩토를 공부하는 방법**

① 원리 탐구하기

주제별 원리 이해를 위한 활동으로 구성되며, 주제별 기본 개념과 문제 해결의 노하우가 정리되어 있습니다.

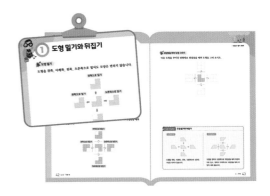

② 대표 유형 익히기

대표 유형 문제를 해결하는 사고의 흐름을 단계별로 전개하였고, 반복 수행을 통해 효과적으로 유형을 습득할 수 있습니다.

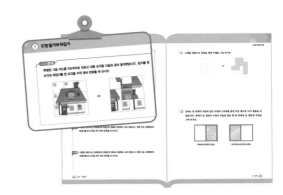

③ 실력 키우기

유형별 학습이 가장 놓치기 쉬운 주제 통합형 문제를 수록하여 내실 있는 마무리 학습을 할 수 있습니다.

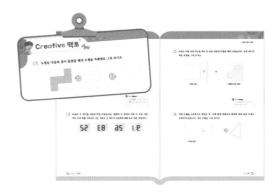

④ 경시대회 & 영재교육원 대비

• 각 주제의 대표적인 경시대회 대비, 심화 문제를 담았습니다.

• 영재교육원 선발 문제인 영재성 검사를 경험할 수 있는 개방형·다답형 문제를 담았습니다.

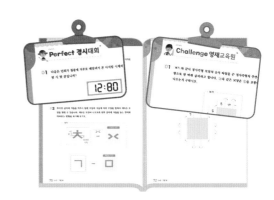

⑤ 명확한 정답 & 친절한 풀이

채점하기 편하게 직관적으로 정답을 구성하였고, 틀린 문제를 이해하거나 다양한 접근을 할 수 있도록 친절하게 풀이를 담았습니다.

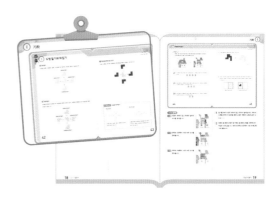

📖 팩토를 공부하고 난 後 » 형성평가·총괄평가

1 팩토 교재의 부록으로 제공된 형성평가와 총괄평가를 정해진 시간 안에 풀어 봅니다.

2 학부모님 또는 선생님이 정답지를 참고하여 채점하고 채점한 결과를 매스티안 홈페이지 www.mathtian.com에 입력한 후 학습 성취도와 다음에 공부할 팩토 교재 추천을 받습니다.

I

연 산

✔ 학습 Planner

계획한 대로 공부한 날은 😃 에, 공부하지 못한 날은 😞 에 ◯표 하세요.

공부할 내용	공부할 날짜		확 인	
1 식 완성하기	월	일	😃	😞
2 가장 큰 값, 가장 작은 값	월	일	😃	😞
3 벌레 먹은 셈	월	일	😃	😞
Creative 팩토	월	일	😃	😞
4 복면산	월	일	😃	😞
5 도형이 나타내는 수	월	일	😃	😞
6 연산 기호 넣기	월	일	😃	😞
Creative 팩토	월	일	😃	😞
Perfect 경시대회	월	일	😃	😞
Challenge 영재교육원	월	일	😃	😞

① 식 완성하기

주어진 수 카드를 모두 사용하여 식을 완성해 보시오. 🖨 온라인 활동지

| 1 | 3 | 4 | 5 |

$$1 + \square = 6$$

$$\square + \square = 7$$

| 2 | 4 | 7 | 8 |

$$\square + \square = 10$$

$$\square + \square = 11$$

| 0 | 1 | 2 | 6 |

$$\square - \square = 2$$

$$\square - \square = 5$$

| 1 | 2 | 4 |
| 6 | 7 | 9 |

$$\square + \square = 15$$

$$\square - \square = 6$$

$$\square \times \square = 8$$

| 0 | 2 | 5 |
| 6 | 7 | 8 |

$$\square - \square = 7$$

$$\square + \square = 13$$

$$\square \times \square = 12$$

 수 카드 퍼즐

주어진 수 카드를 모두 사용하여 퍼즐을 완성해 보시오. 🖨 온라인 활동지

| 5 | 8 | 11 | 12 |

$$7 + \square = \square$$
$$+$$
$$4$$
$$=$$
$$11 - 3 = \square$$

| 2 | 4 | 6 | 7 |

$$8 \qquad\qquad \square$$
$$| \qquad\qquad +$$
$$\square \qquad\qquad 3$$
$$= \qquad\qquad =$$
$$\square + \square = 10$$

| 2 | 5 | 6 | 10 |

$$\square$$
$$\times$$
$$\square + \square = 8$$
$$=$$
$$\square$$

| 2 | 6 | 7 | 8 |

$$\square$$
$$\times$$
$$\square - \square = \square$$
$$=$$
$$14$$

Lecture 식 완성하기

주어진 수 카드를 모두 써넣어 식이 성립하도록 여러 가지 방법으로 만들 수 있습니다.

| 2 | 3 | 4 | 5 |

$$\square + \square - \square = \square$$

➡

방법1 $4 + 3 - 5 = 2$

방법2 $5 + 2 - 4 = 3$

방법3 $5 + 2 - 3 = 4$

방법4 $3 + 4 - 2 = 5$

(이외 여러 가지 방법이 있습니다.)

대표문제

주어진 수 카드를 모두 사용하여 3개의 식을 2가지 방법으로 완성해 보시오.

(단, 1＋2＝3, 2＋1＝3과 같이 같은 수로 만든 덧셈식은 같은 것으로 봅니다.)

🖨 온라인 활동지

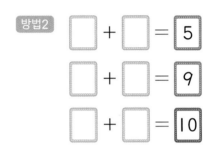

| 1 | 2 | 3 | 4 | 6 | 8 |

방법1 □ ＋ □ ＝ 5

□ ＋ □ ＝ 9

□ ＋ □ ＝ 10

방법2 □ ＋ □ ＝ 5

□ ＋ □ ＝ 9

□ ＋ □ ＝ 10

STEP **1** 주어진 수 카드를 한 번씩만 사용하여 덧셈 결과가 5가 되는 두 가지 경우를 완성해 보시오.

방법1 □ ＋ □ ＝ 5

방법2 □ ＋ □ ＝ 5

STEP **2** STEP **1** 에서 사용하고 남은 수 카드를 사용하여 2개의 식을 각각 완성해 보시오.

방법1 □ ＋ □ ＝ 9

□ ＋ □ ＝ 10

방법2 □ ＋ □ ＝ 9

□ ＋ □ ＝ 10

01 주어진 수 카드를 모두 사용하여 3개의 식을 완성해 보시오. 🖨온라인 활동지

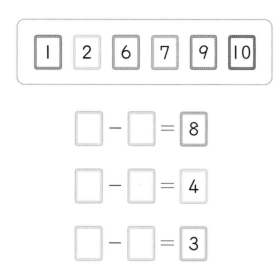

02 주어진 6장의 수 카드 중 3장을 사용하여 계산 결과가 0이 되도록 3가지 방법으로 식을 완성해 보시오. (단, 같은 수로 순서만 다르게 만든 식은 같은 것으로 봅니다.)

🖨온라인 활동지

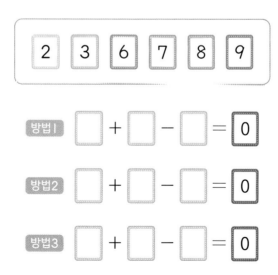

② 가장 큰 값, 가장 작은 값

덧셈식에서 가장 큰 값과 가장 작은 값

주어진 숫자 카드를 모두 사용하여 덧셈 결과가 가장 큰 값 또는 가장 작은 값이 되도록 만들어 보시오. 🖨 온라인 활동지

┌ 보기 ┤

가장 큰 값을 만드는 방법

| 1 | 2 |
| 3 | 4 |

가장 큰 두 수 십의 자리에 넣기

```
   4
 + 3
```

➡

남은 수 일의 자리에 넣기

```
   4 2
 + 3 1
```

➡

가장 큰 값

```
   4 2
 + 3 1
 ─────
   7 3
```

가장 작은 값을 만드는 방법

| 1 | 2 |
| 3 | 4 |

가장 작은 두 수 십의 자리에 넣기

```
   1
 + 2
```

➡

남은 수 일의 자리에 넣기

```
   1 3
 + 2 4
```

➡

가장 작은 값

```
   1 3
 + 2 4
 ─────
   3 7
```

가장 큰 값

```
   9
 +
```

⬅

| 3 | 5 |
| 7 | 9 |

➡

가장 작은 값

```
 +   5
```

가장 큰 값

```
 +
```

⬅

| 0 | 5 |
| 5 | 7 |

➡

가장 작은 값

```
 +
```

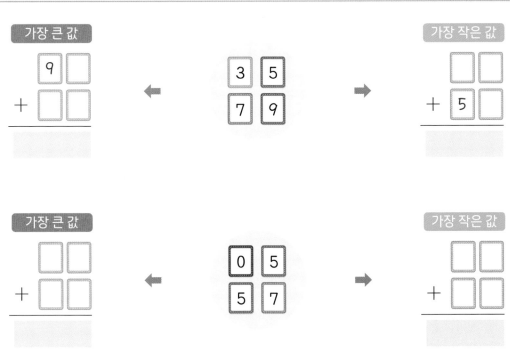

뺄셈식에서 가장 큰 값과 가장 작은 값

주어진 숫자 카드를 모두 사용하여 뺄셈 결과가 가장 큰 값 또는 가장 작은 값이 되도록 만들어 보시오. 📇 온라인 활동지

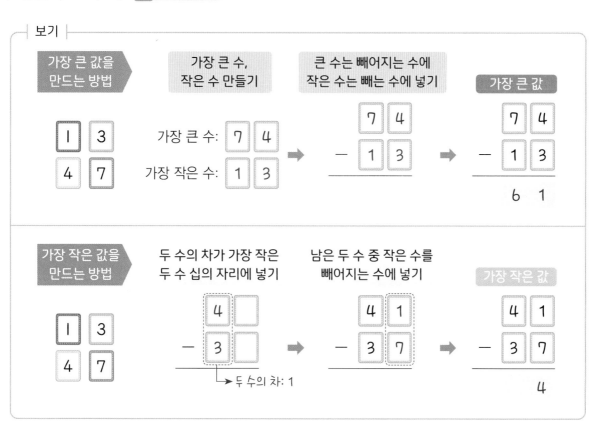

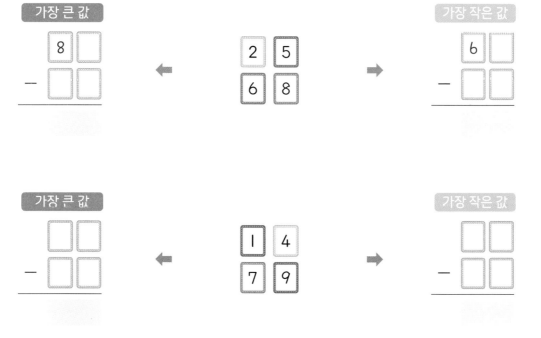

대표문제

주어진 숫자 카드를 모두 사용하여 다음 뺄셈식을 만들 때, 차가 가장 클 때와 가장 작을 때의 값을 각각 구하시오.  온라인 활동지

0 3 6 8 ➡

STEP ① 차가 가장 큰 값을 구하려고 합니다. 0, 3, 6, 8로 만들 수 있는 가장 큰 두 자리 수와 가장 작은 두 자리 수를 써 보시오.

· 가장 큰 두 자리 수: · 가장 작은 두 자리 수:

STEP ② STEP ① 에서 구한 수를 이용하여 차가 가장 클 때의 값을 구하시오.

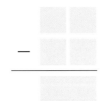

STEP ③ 차가 가장 작은 값을 구하려고 합니다. 0, 3, 6, 8 중 두 수의 차가 가장 작은 두 수를 십의 자리에 써넣으시오.

STEP ④ STEP ③ 의 식의 계산 결과가 가장 작아지도록 일의 자리에 알맞은 수를 써넣으시오.

STEP ⑤ STEP ③ 의 식을 계산하여 차가 가장 작을 때의 값을 구하시오.

01 주어진 숫자 카드를 모두 사용하여 다음 덧셈식을 만들 때, 합이 가장 클 때와 가장 작을 때의 값을 각각 구하시오. 🖨온라인 활동지

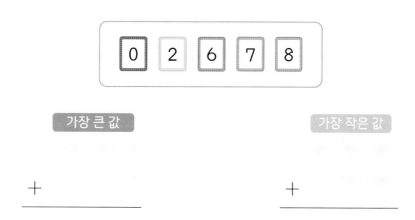

| 0 | 2 | 6 | 7 | 8 |

가장 큰 값

$$+$$

가장 작은 값

$$+$$

02 주어진 5장의 숫자 카드 중 4장을 사용하여 다음 뺄셈식을 만들 때, 차가 가장 클 때와 가장 작을 때의 값을 각각 구하시오. 🖨온라인 활동지

| 1 | 3 | 6 | 8 | 9 |

가장 큰 값

$$-$$

가장 작은 값

$$-$$

③ 벌레 먹은 셈

안에 알맞은 숫자를 써넣어 식을 완성해 보시오.

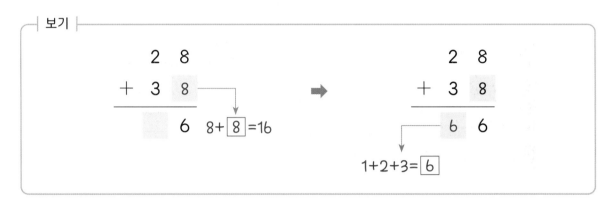

| 보기 |

```
    2  8
+   3  8        ➡        2  8
─────────            +   3  8
       6   8+ 8 =16   ─────────
                         6  6
                    ↓
              1+2+3= 6
```

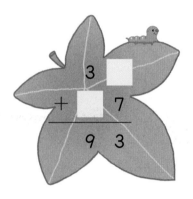

```
  3  □
+ □  7
─────
  9  3
```

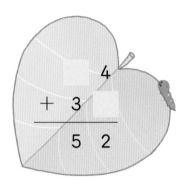

```
  □  4
+ 3  □
─────
  5  2
```

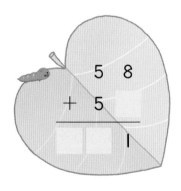

```
  5  8
+ 5  □
─────
□ □  1
```

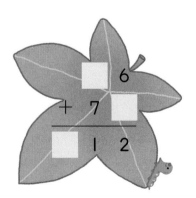

```
  □  6
+ 7  □
─────
□  1  2
```

정답과 풀이 06쪽

안에 알맞은 숫자를 써넣어 식을 완성해 보시오.

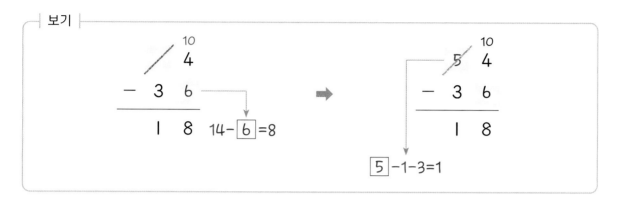

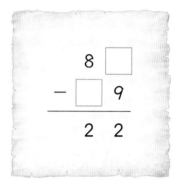

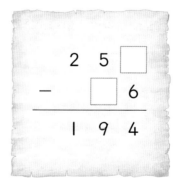

대표문제

다음과 같이 덧셈식의 숫자를 서로 다른 색깔의 색종이로 덮어 놓았습니다. 색종이에 가려진 숫자의 합을 구하시오.

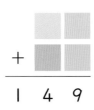

$$\begin{array}{r} \square\square \\ +\ \square\square \\ \hline 1\ 4\ 9 \end{array}$$

STEP ❶ (한 자리 수)＋(한 자리 수)의 합이 가장 큰 경우는 $9+9=18$입니다.

주어진 덧셈식에서 일의 자리 ▨와 ▨의 합은 19가 될 수 있습니까? 될 수 없다면 합은 얼마입니까?

STEP ❷ 일의 자리 덧셈에서 받아올림이 없으므로 십의 자리 ▨와 ▨의 합은 얼마입니까?

STEP ❸ 색종이에 가려진 숫자의 합(▨＋▨＋▨＋▨)을 구하시오.

01 ☐ 안에 알맞은 숫자를 써넣어 식을 완성해 보시오.

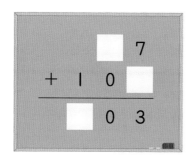

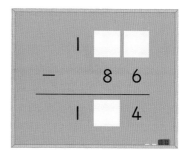

02 다음은 0부터 9까지의 숫자 중 서로 다른 숫자로 이루어진 덧셈식입니다. ☐ 안에 알맞은 숫자를 써넣어 덧셈식을 완성해 보시오.

$$
\begin{array}{r}
7 \\
+ \quad\quad \\
\hline
1\ 0\ 5
\end{array}
$$

Creative 팩토

01 계산기로 다음과 같이 계산할 때 ＋ 버튼을 한 번 누르지 않아 계산 결과가 70이 나왔습니다. 누르지 않은 ＋ 버튼에 ○표 하시오.

> **Key Point**
> 7과 9 사이의 ＋를 누르지 않으면 79가 되므로 합이 70보다 커집니다.

02 1부터 9까지의 수 중 7개의 수를 사용하여 덧셈식을 만들려고 합니다. ㉮는 ㉰보다 크다고 할 때, ㉮, ㉯, ㉰에 알맞은 수를 각각 구하시오. (단, 1, 2, 7, 8은 이미 사용하였습니다.)

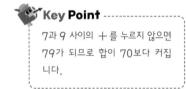

> **Key Point**
> ㉯＋8＝17

03 ⬜ 안에는 ＋, －를, ⬜ 안에는 알맞은 숫자를 써넣어 식을 완성해 보시오.

$$87 \ \square \ 7 = 1 \ \square \ 4$$

04 주어진 수 카드와 연산 기호 카드로 (세 자리 수)＋(세 자리 수)－(세 자리 수)의 식을 만든 것입니다. 이 중에서 수 카드 3장을 **빼고** 남은 카드의 순서는 그대로 하여 (두 자리 수)＋(두 자리 수)－(두 자리 수)의 식으로 바꿀 때, 나올 수 있는 계산 결과 중 가장 큰 수는 얼마인지 구하시오.

$$\boxed{3}\ \boxed{9}\ \boxed{7}\ \boxed{+}\ \boxed{4}\ \boxed{2}\ \boxed{8}\ \boxed{-}\ \boxed{1}\ \boxed{6}\ \boxed{5}$$

④ 복면산

 덧셈 복면산

다음 식에서 각각의 모양이 나타내는 숫자를 구하시오. (단, 각각의 식에서 같은 모양은 같은 숫자를, 다른 모양은 다른 숫자를 나타냅니다.)

보기

$$\begin{array}{r} 2\;\;● \\ +\;\;●\;\;9 \\ \hline ▲\;\;4 \end{array}$$

$$● + 9 = 14$$
$$\Rightarrow ● = 5$$

→ ●＝5 대입 →

$$\begin{array}{r} {}^{1}\;\;2\;\;5 \\ +\;\;5\;\;9 \\ \hline ▲\;\;4 \end{array}$$

$$1 + 2 + 5 = ▲$$
$$\Rightarrow ▲ = 8$$

$$● = 5$$
$$▲ = 8$$

$$\begin{array}{r} 2\;\;◆ \\ +\;\;◆\;\;7 \\ \hline 8\;\;2 \end{array}$$

$$◆ = \boxed{}$$

$$\begin{array}{r} ●\;\;8 \\ +\;\;2\;\;● \\ \hline ▲\;\;4 \end{array}$$

$$● = \boxed{} \;,\; ▲ = \boxed{}$$

$$\begin{array}{r} 4\;\;▲\;\;9 \\ +\;\;1\;\;★\;\;▲ \\ \hline ★\;\;1\;\;3 \end{array}$$

$$▲ = \boxed{} \;,\; ★ = \boxed{}$$

$$\begin{array}{r} 2\;\;●\;\;◆ \\ +\;\;●\;\;3\;\;◆ \\ \hline 5\;\;7\;\;6 \end{array}$$

$$● = \boxed{} \;,\; ◆ = \boxed{}$$

 **뺄셈 복면산**

다음 식에서 각각의 동물이 나타내는 숫자를 구하시오. (단, 같은 동물은 같은 숫자를, 다른 동물은 다른 숫자를 나타냅니다.)

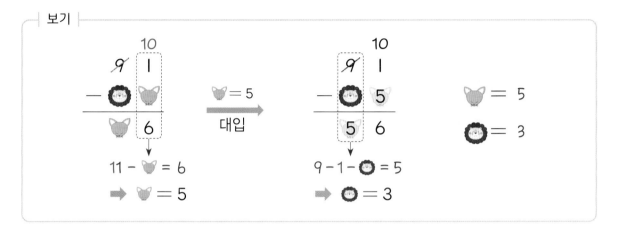

$$
\begin{array}{r}
6\ 4 \\
-\ 🐰\ 2 \\
\hline
4\ 🐰
\end{array}
$$

🐰 =

$$
\begin{array}{r}
4\ 1\ 🐘 \\
-\ \ \ 🐘\ 7 \\
\hline
🐘\ 7\ 6
\end{array}
$$

🐘 =

$$
\begin{array}{r}
🐱\ 5\ 0 \\
-\ \ 3\ 🐱\ 🐶 \\
\hline
4\ 6\ 🐶
\end{array}
$$

🐱 = , 🐶 =

Lecture 복면산

- 계산시에서 숫자 대신 문자나 모양으로 나타낸 식을 복면산이라고 합니다.
- 복면산에서 같은 모양은 같은 숫자를, 다른 모양은 다른 숫자를 나타냅니다.

예
$$
\begin{array}{r}
6\ 8\ 🦁 \\
-\ 🐱\ 3\ 4 \\
\hline
🦁\ 🐱\ 8
\end{array}
\quad\Rightarrow\quad
\begin{array}{r}
6\ 8\ ②\\
-\ ④\ 3\ 4 \\
\hline
②\ ④\ 8
\end{array}
$$

대표문제

다음 식에서 ◆, ▲이 나타내는 숫자를 각각 구하시오. (단, 같은 모양은 같은 숫자를, 다른 모양은 다른 숫자를 나타내고, ◆, ▲은 0이 아닌 숫자입니다.)

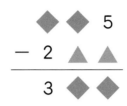

STEP ① 백의 자리에서 십의 자리로 받아내림이 없는 경우라고 가정할 때, ◆을 구한 후 ▲의 값을 구하시오. 이때 조건을 만족합니까?

◆ ◆ 5
− 2 ▲ ▲
3 ◆ ◆

◆ =

➡

◇ ◇ 5
− 2 ▲ ▲
3 ◇ ◇

▲ =

➡

◆과 ▲은 0이 아닌 다른 숫자라는 조건을
(만족합니다 , 만족하지 않습니다).

STEP ② 백의 자리에서 십의 자리로 받아내림이 있는 경우라고 가정할 때, ◆을 구한 후 ▲의 값을 구하시오. 이때 조건을 만족합니까?

10
◆̸ ◆ 5
− 2 ▲ ▲
3 ◆ ◆

◆ =

➡

◇ ◇ 5
− 2 ▲ ▲
3 ◇ ◇

▲ =

➡

◆과 ▲은 0이 아닌 다른 숫자라는 조건을
(만족합니다 , 만족하지 않습니다).

01 다음 식에서 ■, ●, ★이 나타내는 숫자를 각각 구하시오. (단, 같은 모양은 같은 숫자를, 다른 모양은 다른 숫자를 나타냅니다.)

$$
\begin{array}{r}
2\ \blacksquare\ 4 \\
+\ 5\ 9\ \bullet \\
\hline
\bigstar\ \bigstar\ \bigstar
\end{array}
$$

02 주어진 두 자리 수 ㉮와 ㉯의 차는 14입니다. ■이 나타내는 숫자를 구하시오. (단, ■ 모양은 서로 같은 숫자를 나타냅니다.)

㉮ ■ 8　　㉯ 4 ■

⑤ 도형이 나타내는 수

주어진 식에서 ★이 나타내는 수가 다음과 같을 때, ♥이 나타내는 수를 구하시오.
(단, 같은 모양은 같은 수를, 다른 모양은 다른 수를 나타냅니다.)

보기

$$★ = 3$$

$$★ + ★ = ■$$
$$■ × ■ = ●$$
$$● + ● = ♥$$

★ = 3
대입

$$3 + 3 = 6$$
$$6 × 6 = 36$$
$$36 + 36 = 72$$

➡ ♥ = 72

$$★ × ★ = ■$$
$$■ + ■ = ●$$
$$● + ● = ♥$$

★ = 2, ♥ =

$$★ × 2 = ■$$
$$■ - 5 = ●$$
$$★ + ● = ♥$$

★ = 6, ♥ =

$$★ + 1 = ■$$
$$■ - 2 = ●$$
$$★ + ■ + ● = ♥$$

★ = 4, ♥ =

$$★ - 3 = ■$$
$$■ × ■ = ●$$
$$● - ★ + ■ = ♥$$

★ = 8, ♥ =

정답과 풀이 11쪽

도형의 관계 이용하여 구하기

오른쪽과 아래쪽에 있는 수는 각 줄의 모양이 나타내는 수들의 합입니다. 각각의 도형이 나타내는 수를 구하시오. (단, 같은 모양은 같은 수를, 다른 모양은 다른 수를 나타냅니다.)

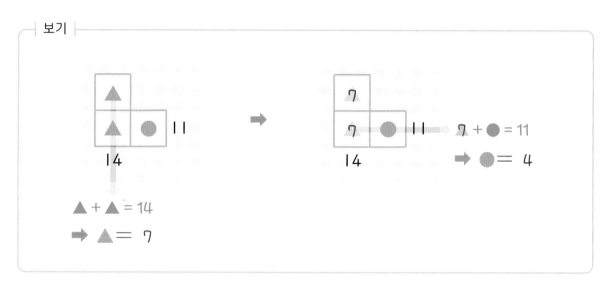

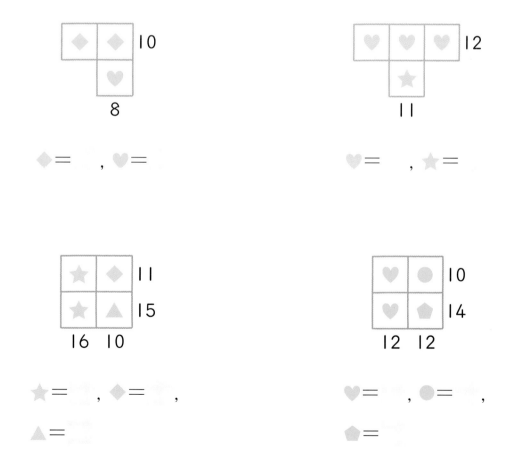

◆ = ___ , ♥ = ___

♥ = ___ , ★ = ___

★ = ___ , ◆ = ___ ,
▲ = ___

♥ = ___ , ● = ___ ,
⬠ = ___

대표문제

오른쪽과 아래쪽에 있는 수는 각 줄의 모양이 나타내는 수들의 합입니다. 빈칸에 알맞은 수를 써넣으시오. (단, 같은 모양은 같은 수를, 다른 모양은 다른 수를 나타냅니다.)

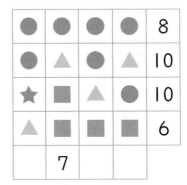

STEP **1** 가로의 첫째 줄에서 ●＋●＋●＋●＝8입니다. ●이 나타내는 수는 얼마입니까?

STEP **2** 가로의 둘째 줄에서 ●＋▲＋●＋▲＝10입니다. ▲이 나타내는 수는 얼마입니까?

STEP **3** 가로의 넷째 줄에서 ▲＋■＋■＋■＝6입니다. ■이 나타내는 수는 얼마입니까?

STEP **4** 가로의 셋째 줄에서 ★＋■＋▲＋●＝10입니다. STEP **1**～STEP **3**에서 구한 수를 이용하여 ★이 나타내는 수를 구하시오.

STEP **5** STEP **1**～STEP **4**에서 구한 수를 이용하여 주어진 문제의 세로의 같은 줄에 있는 수의 합을 구해 빈칸에 알맞은 수를 써넣으시오.

01 오른쪽과 아래쪽에 있는 수는 각 줄의 모양이 나타내는 수들의 합입니다. 빈칸에
알맞은 수를 써넣으시오. (단, 같은 모양은 같은 수를, 다른 모양은 다른 수를 나
타냅니다.)

02 다음 식에서 ■과 ◉이 나타내는 수를 구하시오. (단, 같은 모양은 같은 수를, 다
른 모양은 다른 수를 나타냅니다.)

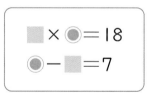

⑥ 연산 기호 넣기

연산 기호 넣기

올바른 식이 되도록 ○ 안에 ＋, －, ＝ 기호를 알맞게 써넣으시오.

┌ 보기 ┐

10 ○－○ 5 ○＝○ 2 ○＋○ 3

4 ○ 6 ○ ＝ ○ 2 ○ 8

9 ○＝○ 1 ○ 15 ○ 7

8 ○ 2 ○ 1 ○＝○ 5

10 ○＝○ 9 ○ 2 ○ 3

9 ○ 18 ○ 16 ○ 7

목표수 만들기

주어진 숫자 카드 3장과 연산 기호 카드 3장을 사용하여 식을 완성해 보시오.

| 1 | 2 | 3 | ＋ | － | × |

2 － 1 ＝ 1

1 × □ ＝ 2

□ □ □ ＝ 3

□ □ □ ＝ 4

□ □ ＝ 5

□ □ □ ＝ 6

□ □ □ □ □ ＝ 7

1 2 □ □ ＝ 9

 두 수의 차 구하기

☐ 안에 알맞은 수를 써넣으시오.

$4+3+2+1=10$

$4+3+2-1=8$

차: 2

$5+4+3+2=14$

$5+4+3-2=$

차: ☐

$7+5+3+1=16$

$7+5-3+1=$

차: ☐

$8+6+4+2=20$

$8+6-4+2=$

차: ☐

$9+7+5+3=24$

$9-7+5+3=$

차: ☐

$10+9+8+7=34$

$10-9+8+7=$

차: ☐

Lecture 연산 기호 넣기

$+$가 여러 개 있는 식에서 $+$를 $-$로 바꾸면 계산 결과가 $-$로 바뀐 수의 2배만큼 작아집니다.

$+3$이 -3으로 바뀌면

$1+2+3+4=10$ $1+2-3+4=4$

계산 결과는 3의 2배인 6만큼 작아집니다.

대표문제

● 안에 연산 기호 ＋, －를 써넣어 식을 완성해 보시오.

5 ● 4 ● 3 ● 2 ● 1 ＝15
5 ● 4 ● 3 ● 2 ● 1 ＝13
5 ● 4 ● 3 ● 2 ● 1 ＝11
5 ● 4 ● 3 ● 2 ● 1 ＝9

STEP 1 1부터 5까지의 합은 15입니다. 다음 식을 완성해 보시오.

5 ● 4 ● 3 ● 2 ● 1 ＝15

STEP 2 15보다 2만큼 작은 13이 되게 하려면 **STEP 1**에서 구한 식에 얼마를 더하거나 빼야 할지 생각하여 식을 완성해 보시오.

5 ● 4 ● 3 ● 2 ● 1 ＝13

STEP 3 15보다 4만큼 작은 11이 되게 하려면 **STEP 1**에서 구한 식에 얼마를 더하거나 빼야 할지 생각하여 식을 완성해 보시오.

5 ● 4 ● 3 ● 2 ● 1 ＝11

STEP 4 15보다 6만큼 작은 9가 되도록 식을 완성해 보시오.

5 ● 4 ● 3 ● 2 ● 1 ＝9

01 안에 연산 기호 ＋, －를 써넣어 식을 완성해 보시오.

| 1   2   3   2   1 ＝ 3 |

| 9   7   5   3   1 ＝ 15 |

02 안에 연산 기호 ＋, －를 써넣어 2가지 방법으로 식을 완성해 보시오.

방법1 7   3   4 ＝ 12   4   2

방법2 7   3   4 ＝ 12   4   2

01 엄마가 남긴 다음 메모를 보고 현우가 먹을 쿠키의 개수를 구하시오.

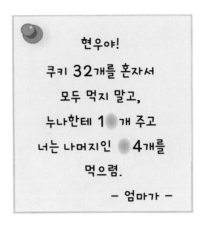

현우야!
쿠키 32개를 혼자서
모두 먹지 말고,
누나한테 1⬤개 주고
너는 나머지인 ⬤4개를
먹으렴.
- 엄마가 -

02 주어진 5장의 카드를 사용하여 식을 만들었을 때, 나올 수 <u>없는</u> 계산 결과를 찾아
○표 하시오. (단, ③① 과 같이 수 카드를 붙여 31을 만들 수도 있습니다.)

| 1 | 3 | 7 | + | − |

10   5   12   6   14

03 다음 식에서 A＋B의 값을 구하시오. (단, 같은 알파벳은 같은 수를, 다른 알파벳은 다른 수를 나타냅니다.)

$$A=C+2$$
$$B=10-C$$

04 다음을 모두 만족하는 수 ■, ●, ◆을 모두 사용하여 세 자리 수를 만들 때, 가장 큰 수를 구하시오. (단, 같은 모양은 같은 수를, 다른 모양은 다른 수를 나타냅니다.)

$$■ × 5 = 5$$
$$● - ◆ = 3$$
$$● × ◆ = 28$$

01 다음 식에서 ㉮, ㉯, ㉰가 나타내는 수를 각각 구하시오. (단, 같은 글자는 같은 수를, 다른 글자는 다른 수를 나타냅니다.)

- ㉮＋㉯＋㉰＝㉮×㉯×㉰
- ㉮＋2＝㉯＋1＝㉰

02 다음 식에서 ■, ★, ▲이 나타내는 수를 각각 구하시오. (단, 같은 모양은 같은 수를, 다른 모양은 다른 수를 나타냅니다.)

03 주어진 덧셈식에서 숫자 카드 5장을 선택합니다. 선택한 카드를 ⓪ 카드로 바꾸거나 선택한 카드를 없애서 계산 결과가 100이 되도록 만들어 보시오.

04 1부터 7까지의 숫자 카드를 차례대로 늘어놓아 식을 만들려고 합니다. 이 식에서 5장의 ⊞ 카드를 알맞은 위치에 놓아 다음 식을 완성해 보시오.
(단, ① 과 ② 사이에 ⊞ 카드를 놓지 않으면 12로 봅니다.)

$$\boxed{1} \quad \boxed{2} \quad \boxed{3} \quad \boxed{4} \quad \boxed{5} \quad \boxed{6} \quad \boxed{7} = 55$$

01 주어진 16장의 카드를 모두 사용하여 여러 가지 방법으로 퍼즐을 완성해 보시오. (단, 돌리거나 뒤집었을 때 같은 모양은 한 가지로 봅니다.) 🖨온라인 활동지

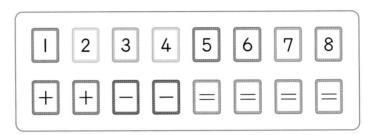

방법1

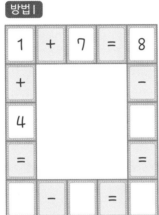

방법2

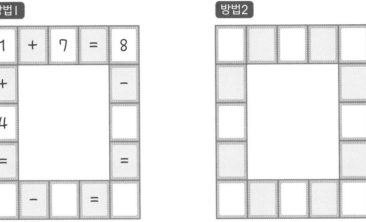

방법3

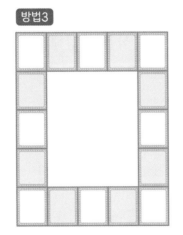

방법4

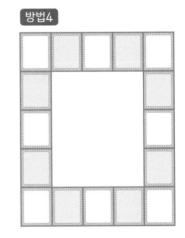

02 주어진 숫자 카드 중 8장을 사용하여 뺄셈식을 여러 가지 방법으로 만들어 보시오.

🖨 온라인 활동지

[0] [1] [2] [3] [4] [5] [6] [7] [8] [9]

방법1

―
_____

방법2

―
_____

방법3

―
_____

방법4

―
_____

방법5

―
_____

방법6

―
_____

II

공간

✅ 학습 Planner

계획한 대로 공부한 날은 😃 에, 공부하지 못한 날은 😔 에 ◯표 하세요.

공부할 내용	공부할 날짜		확 인	
1 블록의 개수	월	일	😃	😔
2 위, 앞, 옆에서 본 모양	월	일	😃	😔
3 소마큐브	월	일	😃	😔
Creative 팩토	월	일	😃	😔
4 같은 주사위	월	일	😃	😔
5 색종이 겹치기	월	일	😃	😔
6 색종이 자르기	월	일	😃	😔
Creative 팩토	월	일	😃	😔
Perfect 경시대회	월	일	😃	😔
Challenge 영재교육원	월	일	😃	😔

① 블록의 개수

다음 모양을 만들기 위해 필요한 쌓기나무는 몇 개인지 구해 보시오.

보기

각 자리에 쌓여 있는 쌓기나무의 개수를 세어 모두 더하면 주어진 모양을 쌓기 위해
필요한 쌓기나무의 전체 개수를 알 수 있습니다.

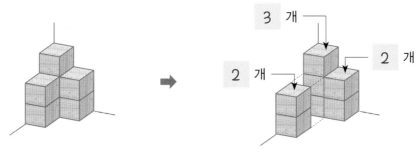

➡ 필요한 쌓기나무는
　모두 7개입니다.

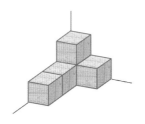

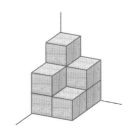

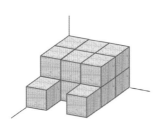

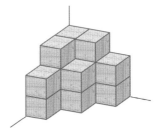

> 정답과 풀이 18쪽

다음 모양을 만들기 위해 필요한 블록은 몇 개인지 구해 보시오.

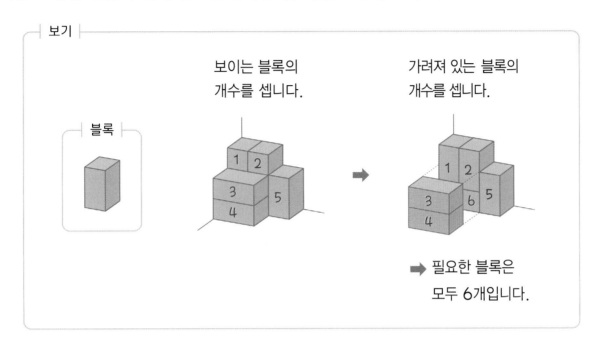

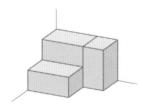

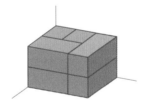

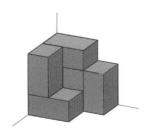

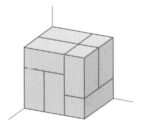

대표문제

다음 모양을 만들기 위해 필요한 블록은 각각 몇 개인지 구해 보시오.

블록

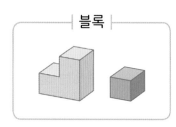

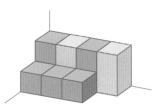

STEP ① 블록이 없을 때의 모습을 상상하며 블록은 몇 개인지 구해 보시오.

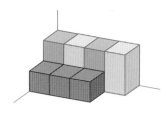

STEP ② 주어진 모양을 쌓기 위해 필요한 블록은 각각 몇 개입니까?

 : ☐ 개   : ☐ 개

01 다음 모양을 만들기 위해 필요한 ㉮, ㉯ 블록은 각각 몇 개인지 구해 보시오.

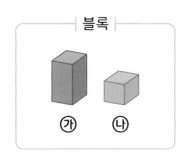

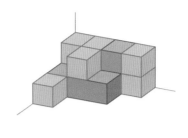

02 ♥ 그림이 그려진 블록의 보이지 않는 부분은 ㉮, ㉯ 중 어느 블록 아래에 있는 지 기호를 써 보시오.

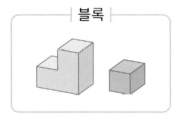

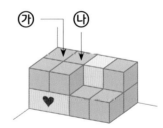

② 위, 앞, 옆에서 본 모양

위, 앞, 옆에서 보이는 쌓기나무의 면에 색칠해 보시오.

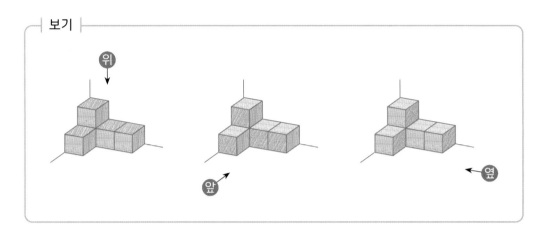

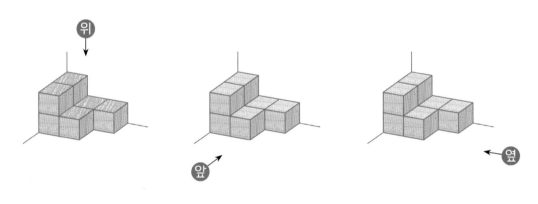

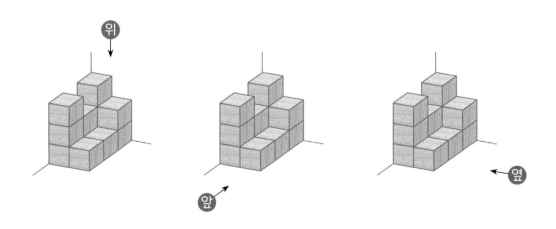

정답과 풀이 20쪽

쌓기나무로 쌓은 모양을 보고 위, 앞, 옆에서 본 모양을 그려 보시오.

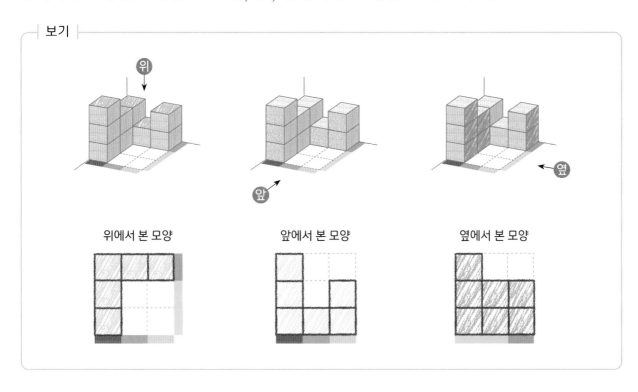

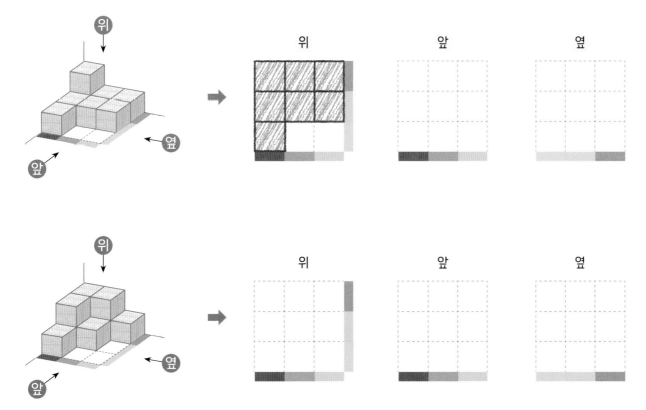

대표문제

오른쪽의 블록으로 쌓은 모양을 보고, 위, 앞, 옆에서 본 모양을 그린 후 각 칸에 알맞은 색깔을 써 보시오. (단, 분홍은 '분', 노랑은 '노', 연두는 '연', 파랑은 '파'로 써 보시오.)

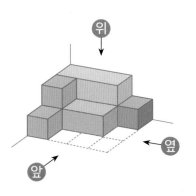

위에서 본 모양	앞에서 본 모양	옆에서 본 모양

STEP 1 위, 앞, 옆에서 보이는 블록의 면에 색칠해 보시오.

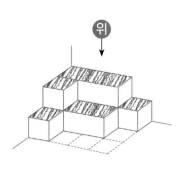 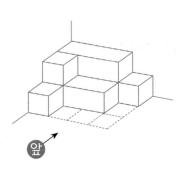 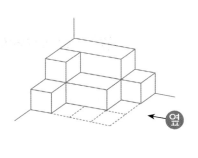

STEP 2 STEP 1 에서 색칠한 블록의 면을 보고, 위, 앞, 옆에서 본 모양을 그린 후 알맞은 색깔을 써 보시오.

위에서 본 모양	앞에서 본 모양	옆에서 본 모양

위에서 본 모양:

	노	파
연	분	
연		

01 오른쪽의 블록으로 쌓은 모양을 보고, 위, 앞, 옆에서 본 모양을 그린 후 각 칸에 알맞은 색깔을 써 보시오. (단, 보라는 '보', 파랑은 '파', 노랑은 '노', 연두는 '연'으로 써 보시오.)

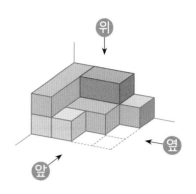

위에서 본 모양	앞에서 본 모양	옆에서 본 모양

02 블록으로 쌓은 모양 중 위에서 본 모양이 오른쪽과 같은 것을 찾아 기호를 써 보시오.

위에서 본 모양

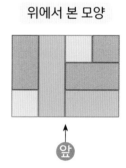

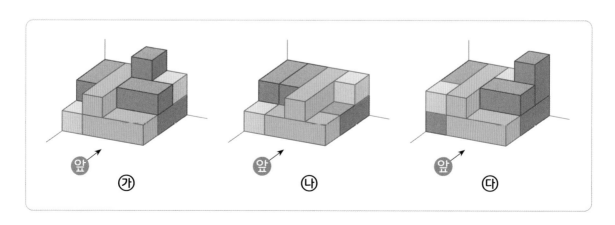

㉮　　㉯　　㉰

③ 소마큐브

서로 다른 조각 2개를 사용하여 만든 모양입니다. 어떤 조각을 사용했는지 찾아 번호를 써 보시오.

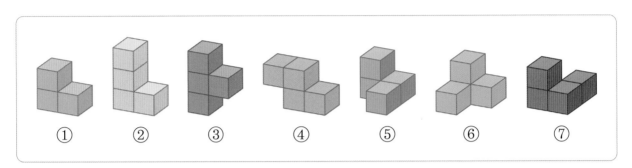

① ② ③ ④ ⑤ ⑥ ⑦

보기

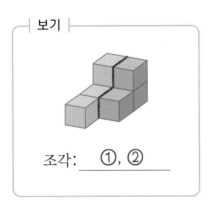

조각: ①, ②

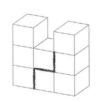

조각: _____

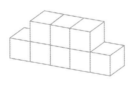

조각: _____

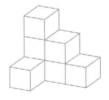

조각: _____

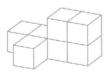

조각: _____

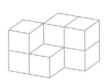

조각: _____

정답과 풀이 22쪽

색칠된 조각을 뺀 모양 찾기

서로 다른 조각 3개를 사용하여 만든 모양입니다. 사용한 조각 중에서 색칠된 조각을 뺀 모양을 찾아 ○표 하시오.

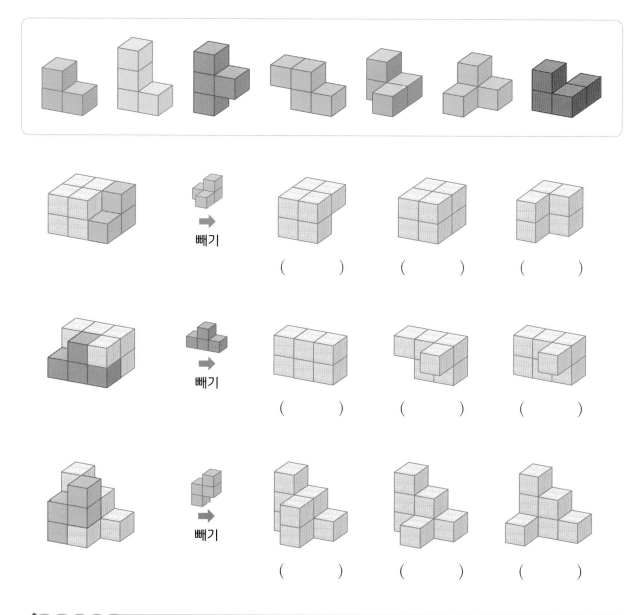

( )　( )　( )

( )　( )　( )

( )　( )　( )

Lecture　소마큐브 조각 분류하기

소마큐브 조각은 모양 3개로 이루어진 조각 1개와 모양 4개로 이루어진 나머지 조각 6개로 분류할 수 있습니다. 또한 조각을 돌리거나 뒤집어 1층 모양으로 만들 수 있는 ,

조각 4개와 반드시 2층으로만 쌓을 수 있는 조각 3개로 분류할 수 있습니다.

Ⅱ. 공간 **51**

대표문제

서로 다른 3개의 조각으로 만든 모양을 보고 나머지 2개의 조각을 찾아 기호를 써 보시오.

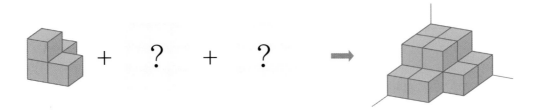

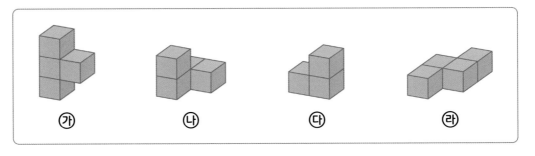

ⓐ   ⓑ   ⓒ   ⓓ

STEP ① 사용한 조각 중 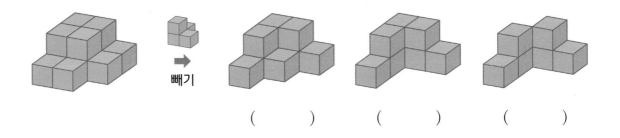 조각이 사용된 곳에 색칠했습니다. 이 조각을 뺀 모양을 찾아 ○표 하시오.

빼기

(   )   (   )   (   )

STEP ② STEP①에서 찾은 모양을 만들 수 있는 2개의 조각을 찾아 기호를 써 보시오.

01 서로 다른 2개의 조각을 사용하여 만든 모양이 있습니다. 어떤 조각을 사용했는지 찾아 기호를 써 보시오.

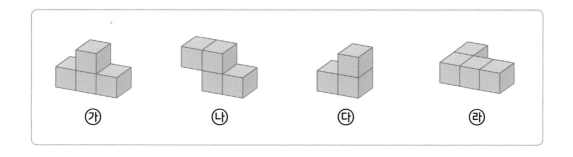

02 서로 다른 3개의 조각으로 만든 모양을 보고, ☐ 안의 조각에 알맞게 색칠해 보시오.

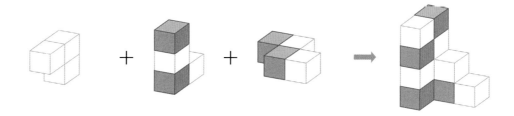

01 다음 모양을 만들기 위해 필요한 ㉮, ㉯ 블록은 각각 몇 개인지 구해 보시오.

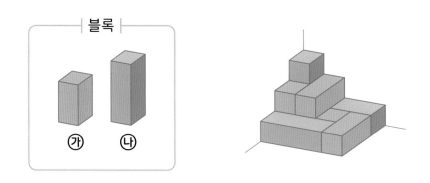

02 블록으로 쌓은 모양을 보고 위에서 본 모양을 그린 후 각 칸에 알맞은 색깔을 써 보시오. (단, 노랑은 '노', 보라는 '보', 연두는 '연', 파랑은 '파'로 써 보시오.)

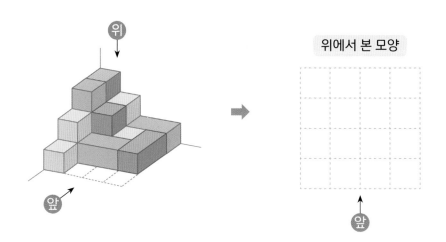

03 다음 모양을 만들기 위해 필요한 ㉮, ㉯, ㉰ 블록은 각각 몇 개인지 구해 보시오.

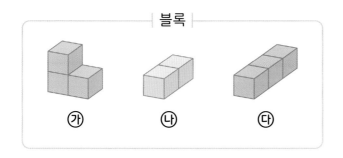

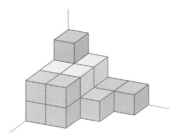

04 다음 모양을 만들기 위해 필요한 서로 다른 조각 3개를 찾아 기호를 써 보시오.

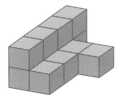

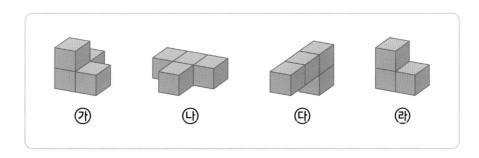

4 같은 주사위

주사위의 7점 원리

화살표 방향에서 본 주사위의 눈의 수를 ⬜ 안에 써넣으시오. (단, 주사위의 마주 보는 두 면의 눈의 수의 합은 7입니다.)

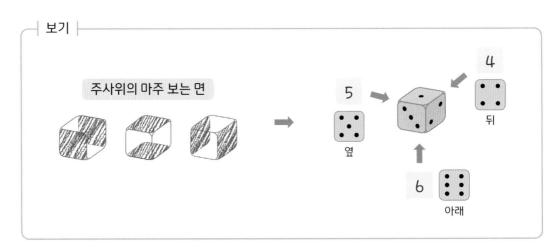

좌회전 주사위, 우회전 주사위

안에 알맞은 눈의 수를 써넣고 알맞은 말에 ○표 하시오. (단, 주사위의 마주 보는 두 면의 눈의 수의 합은 7입니다.)

눈의 수 1, 2, 3이 모여 있는 주사위의 꼭짓점을 찾아 회전 방향을 표시하면 어떤 주사위인지 알 수 있습니다.

<table>
<tr><td align="center">좌회전 주사위</td><td align="center">우회전 주사위</td></tr>
<tr><td align="center"></td><td align="center"></td></tr>
<tr><td align="center">한 꼭짓점을 중심으로 1, 2, 3이
시계 반대 방향으로 놓인 주사위</td><td align="center">한 꼭짓점을 중심으로 1, 2, 3이
시계 방향으로 놓인 주사위</td></tr>
</table>

➡ 모든 좌회전 주사위는 같은 주사위입니다.
마찬가지로 모든 우회전 주사위는 같은 주사위입니다.

2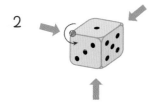

(좌회전, 우회전) 주사위

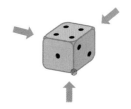

(좌회전, 우회전) 주사위

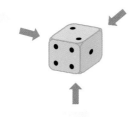

(좌회전, 우회전) 주사위

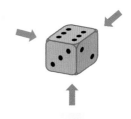

(좌회전, 우회전) 주사위

4 같은 주사위

대표문제

다음 중 <u>다른</u> 주사위 한 개를 찾아 기호를 써 보시오. (단, 주사위의 마주 보는 두 면의 눈의 수의 합은 7입니다.)

STEP 1 주사위의 7점 원리를 이용하여   안에 알맞은 주사위의 눈의 수를 써넣으시오.

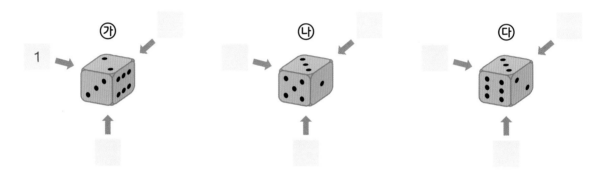

STEP 2 눈의 수 1, 2, 3이 모여 있는 꼭짓점을 찾아 회전하는 방향을 그리고, 알맞은 말에 ○표 하시오.

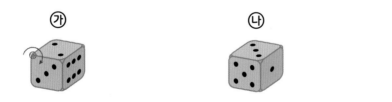

(좌회전, 우회전) 주사위   (좌회전, 우회전) 주사위   (좌회전, 우회전) 주사위

STEP 3 **STEP 2** 의 결과를 보고 ㉮, ㉯, ㉰ 중 <u>다른</u> 주사위 한 개를 찾아 기호를 써 보시오.

01 다음 중 <u>다른</u> 주사위 한 개를 찾아 기호를 써 보시오. (단, 주사위의 마주 보는 두 면의 눈의 수의 합은 7입니다.)

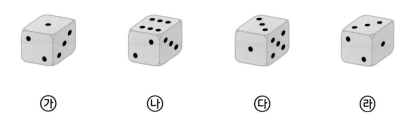

㉮　　　　　㉯　　　　　㉰　　　　　㉱

02 주어진 주사위를 굴렸을 때 분홍색으로 칠한 면의 눈의 수를 구해 보시오. (단, 주사위의 마주 보는 두 면의 눈의 수의 합은 7입니다.)

굴리기 전 주사위　　　　　　굴린 후 주사위

⑤ 색종이 겹치기

구멍 뚫린 색종이 2장을 겹쳤습니다. 겹친 모양에서 구멍이 뚫려 있지 <u>않은</u> 곳에 색칠해 보시오. (단, 주어진 색종이를 돌리거나 뒤집지 않습니다.)

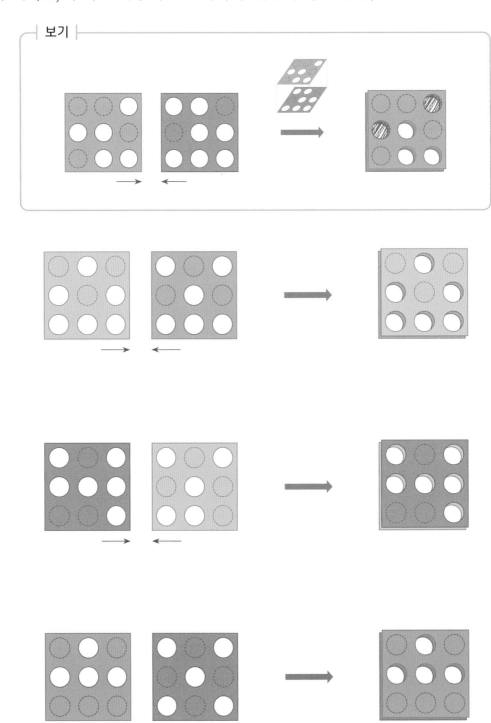

> 정답과 풀이 **27**쪽

구멍 뚫린 색종이의 겹친 순서

구멍 뚫린 색종이 3장을 겹친 모양을 보고 가장 위에 있는 색종이의 구멍으로 보이는 색깔을 알아보려고 합니다. ◯ 안에 보라는 '보', 노랑은 '노', 연두는 '연', 파랑은 '파'로 써 보시오. (단, 주어진 색종이를 돌리거나 뒤집지 않습니다.)

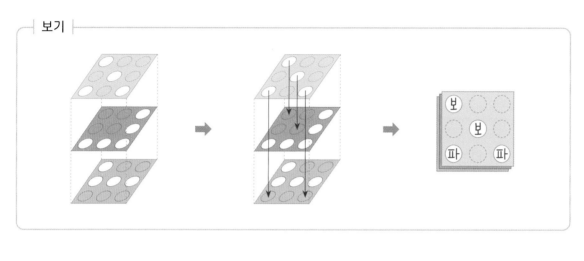

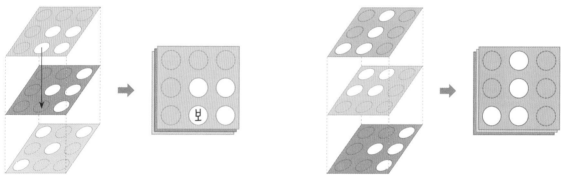

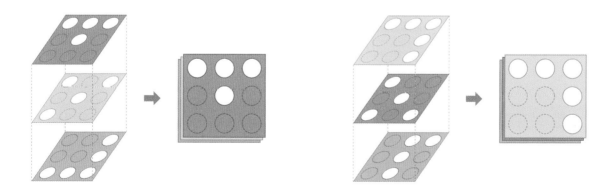

구멍 뚫린 색종이 3장을 겹친 모양을 보고 가장 위에 있는 색종이부터 차례로 기호를 써 보시오. (단, 주어진 색종이를 돌리거나 뒤집지 않습니다.)

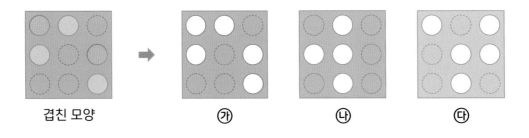

STEP ① 가려진 곳이 없는 파란색 색종이가 가장 위에 있는 색종이입니다. 다음과 같이 2가지 경우로 나누어 생각할 때, 겹친 모양에서 연두색 색종이가 보이는 구멍에는 '연', 주황색 색종이가 보이는 구멍에는 '주'라고 써 보시오.

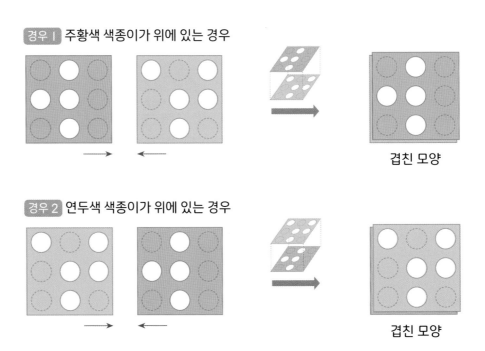

STEP ② STEP ①의 경우1과 경우2의 겹친 모양에 파란색 색종이를 위에 올려놓았을 때, 주어진 3장을 겹친 모양과 같은 것을 찾아보시오.

STEP ③ 가장 위에 있는 색종이부터 차례로 기호를 써 보시오.

01 구멍 뚫린 색종이 3장을 겹친 모양을 보고 가장 위에 있는 색종이부터 차례로
1, 2, 3을 써 보시오. (단, 주어진 색종이를 돌리거나 뒤집지 않습니다.)

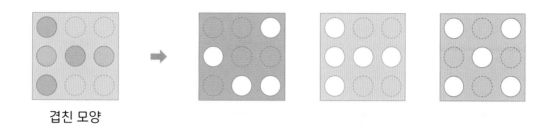

겹친 모양

02 구멍 뚫린 색종이 3장을 겹친 후 다음 종이 위에 올려놓을 때, 보이는 번호를
모두 찾아 써 보시오. (단, 주어진 색종이를 돌리거나 뒤집지 않습니다.)

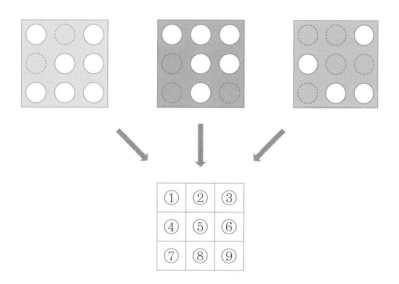

6 색종이 자르기

다음과 같이 색종이를 접어 검은색으로 칠한 부분을 잘랐습니다. 색종이를 펼쳤을 때 잘려진 부분에 색칠해 보시오. 📠 온라인 활동지

| 보기 |

색종이를 반으로 접어 검은색으로 칠한 부분을 자른 다음 펼치면 접은 선의 양쪽에 같은 모양이 나타납니다.

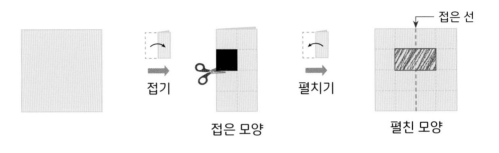

 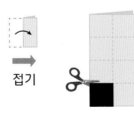 

다음과 같이 색종이를 접어 검은색으로 칠한 부분을 잘랐습니다. 색종이를 펼쳤을 때 잘려진 부분에 색칠해 보시오. 📇 온라인 활동지

보기

색종이를 반으로 접어 검은색으로 칠한 부분을 자른 다음 펼치면 잘려진 부분은 접은 선을 기준으로 대칭입니다.

 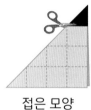 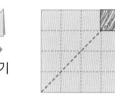

접기   접은 모양   펼치기   펼친 모양

 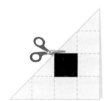 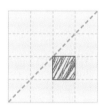

접기   펼치기

 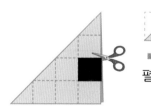 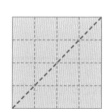

접기   펼치기

접기   펼치기

6 색종이 자르기

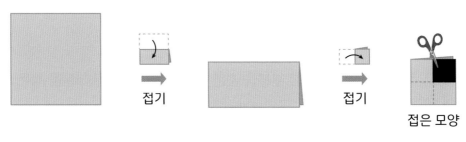

대표문제

다음과 같이 색종이를 2번 접어 검은색으로 칠한 부분을 잘랐습니다. 색종이를 펼쳤을 때 잘려진 부분에 색칠해 보시오. 📋 온라인 활동지

접기

접기

접은 모양

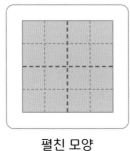

펼친 모양

STEP 1 색종이를 1번 펼쳤을 때 잘려진 부분에 색칠해 보시오.

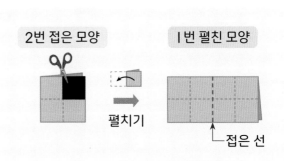

2번 접은 모양

1번 펼친 모양

펼치기

접은 선

STEP 2 색종이를 2번 펼쳤을 때 잘려진 부분에 색칠해 보시오.

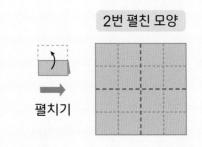

2번 펼친 모양

펼치기

01 다음과 같이 색종이를 2번 접어 검은색으로 칠한 부분을 잘랐습니다. 색종이를 펼쳤을 때 잘려진 부분에 색칠해 보시오. 📠 온라인 활동지

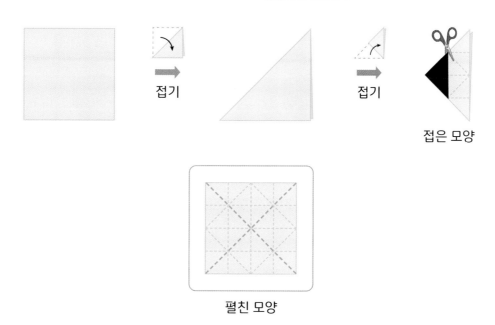

02 다음과 같이 색종이를 2번 접어 검은색으로 칠한 부분을 잘랐습니다. 색종이를 펼쳤을 때 펼친 모양으로 알맞은 것을 찾아 기호를 써 보시오. 📠 온라인 활동지

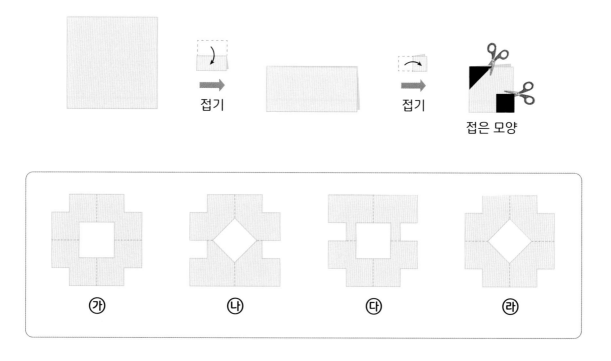

01 주어진 주사위를 굴렸을 때 분홍색으로 칠한 면의 눈의 수를 구해 보시오. (단, 주사위의 마주 보는 두 면의 눈의 수의 합은 7입니다.)

02 오른쪽 |보기|와 같이 구멍 뚫린 종이 2장을 겹친 후 다음 그림 위에 올렸을 때, 보이는 수의 합이 주어진 수가 되도록 ▢ 안에 알맞은 종이의 기호를 써넣으시오. (단, 주어진 색종이를 돌리거나 뒤집지 않습니다.)

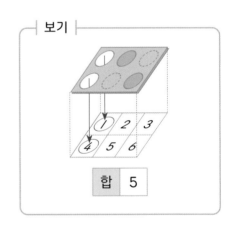

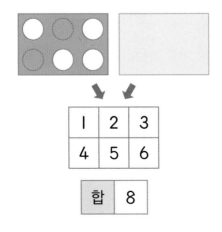

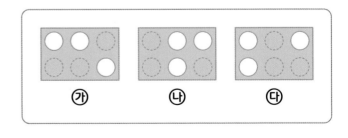

03 다음과 같이 색종이를 2번 접어 검은색으로 칠한 부분을 잘랐습니다. 색종이를 펼쳤을 때, 펼친 모양으로 알맞은 것을 찾아 기호를 써 보시오. (단, 주어진 색종이를 돌리거나 뒤집지 않습니다.) 📇 온라인 활동지

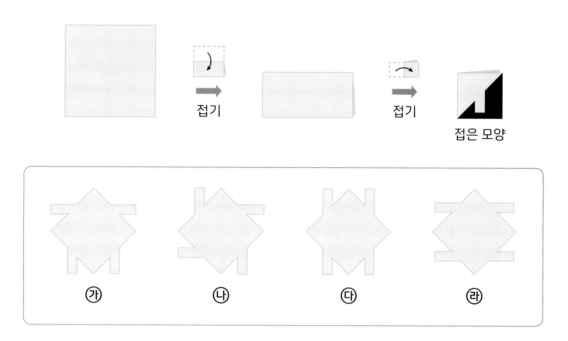

04 다음 중 다른 주사위 한 개를 찾아 기호를 써 보시오. (단, ♥ 모양의 마주 보는 면에는 ◎ 모양이, ◆ 모양의 마주 보는 면에는 ★ 모양이 있으며, 모양이 그려진 방향은 생각하지 않습니다.)

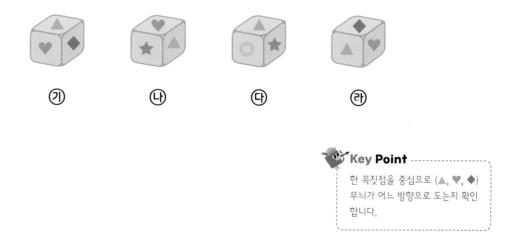

🐦 **Key Point**
한 꼭짓점을 중심으로 (▲, ♥, ◆) 무늬가 어느 방향으로 도는지 확인합니다.

01 서로 다른 3개의 조각으로 만든 모양을 보고, 　 안의 조각에 알맞게 색칠해 보시오.

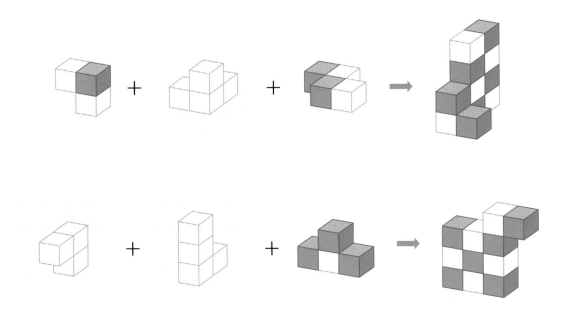

02 다음 모양을 만들기 위해 필요한 ㉮, ㉯, ㉰ 블록은 각각 몇 개인지 구해 보시오.

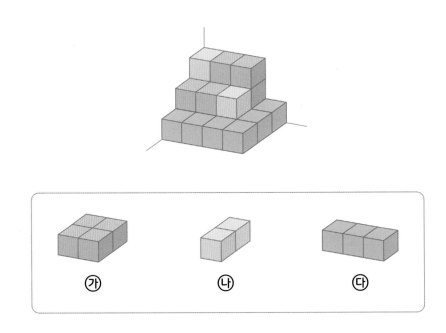

03 구멍 뚫린 종이를 여러 방향으로 돌리면서 서로 겹칠 때 나올 수 <u>없는</u> 모양을 찾아 ○표 하시오.

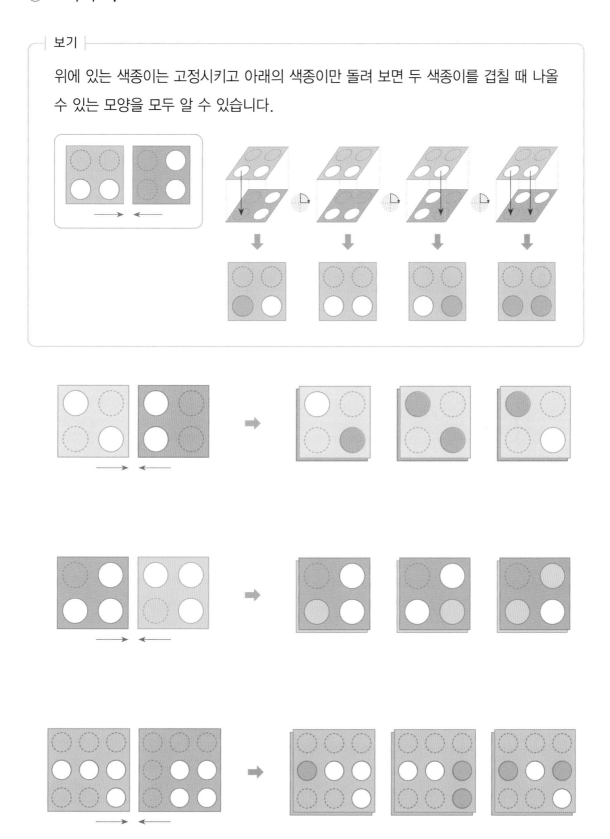

01 주어진 블록으로 다음과 같은 모양을 만들었습니다. 물음에 답해 보시오.

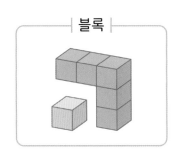

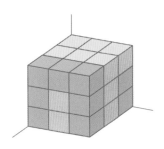

(1) 블록은 몇 개 사용되었습니까?

(2) 만든 모양을 왼쪽 옆에서 본 모양을 그린 후 각 칸에 알맞은 색깔을 써 보시오.
(단, 연두는 '연', 노랑은 '노'로 써 보시오.)

왼쪽 옆에서 본 모양

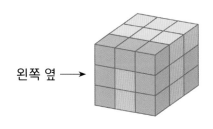

왼쪽 옆 →

Key Point

바닥면에 붙어 있는 블록의 배열은
다음과 같습니다.

02 에 놓여있는 주사위를 굴렸습니다. 분홍색으로 칠한 면의 눈의 수를 구해
보시오. (단, 주사위의 마주 보는 두 면의 눈의 수의 합은 7입니다.)

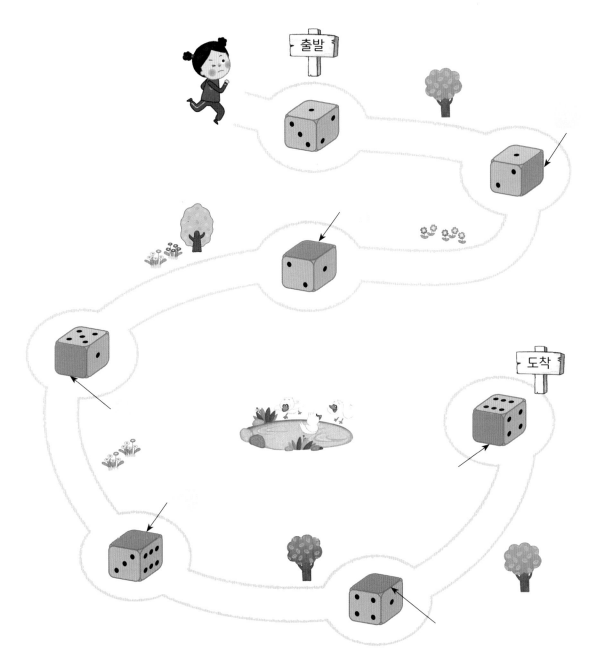

Ⅲ

논리추론

학습 Planner

계획한 대로 공부한 날은 😃 에, 공부하지 못한 날은 😦 에 ◯표 하세요.

공부할 내용	공부할 날짜		확 인	
1 리그와 토너민드	월	일	😃	😦
2 진실과 거짓	월	일	😃	😦
3 빈 병 바꾸기	월	일	😃	😦
Creative 팩토	월	일	😃	😦
4 배치하기	월	일	😃	😦
5 순서도 해석하기	월	일	😃	😦
6 연역표	월	일	😃	😦
Creative 팩토	월	일	😃	😦
Perfect 경시대회	월	일	😃	😦
Challenge 영재교육원	월	일	😃	😦

① 리그와 토너먼트

 리그

세계 축구 대회 예선에서 리그 방식으로 경기할 때 총 경기 수를 구해 보시오.

> 리그 · 참가한 팀은 다른 모든 팀과 경기를 한 번씩 합니다.
> · 모든 경기가 끝나고 참가한 팀의 승, 무, 패 성적으로 순위를 매깁니다.

3팀이 경기하는 경우

한국 영국, 미국과 경기

경기 수: 2

영국 한국, 미국과 경기

(이미 한 경기를 제외한)
경기 수: 1

미국 한국, 영국과 경기

(이미 한 경기를 제외한)
경기 수: 0

➡ 총 경기 수: 2 + 1 + 0 = ☐

4팀이 경기하는 경우

한국

경기 수: ☐

영국

(이미 한 경기를 제외한)
경기 수: ☐

미국

(이미 한 경기를 제외한)
경기 수: ☐

독일

(이미 한 경기를 제외한)
경기 수: ☐

➡ 총 경기 수: ☐ + ☐ + ☐ + ☐ = ☐

세계 축구 대회 본선에서 토너먼트 방식으로 경기할 때 총 경기 수를 구해 보시오.

> 토너먼트 ·참가한 팀은 두 팀씩 경기를 하여 패배한 팀은 탈락합니다.
> ·승리한 팀만 다음 경기를 할 수 있으며, 마지막에 승리한 팀이 우승합니다.

3팀이 경기하는 경우

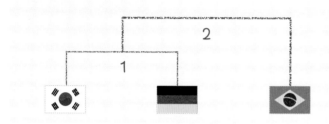

➡ 총 경기 수:

4팀이 경기하는 경우

         ➡ 총 경기 수:

5팀이 경기하는 경우

          ➡ 총 경기 수:

대표문제

5명이 배드민턴 경기를 리그 방식으로 할 때, 총 경기 수를 구해 보시오.

리그   참가한 사람은 다른 모든 사람과 경기를 한 번씩 합니다.

민준   서윤   시은   주원   지우

STEP 1 민준이가 해야 하는 경기를 모두 ⟶로 나타냈습니다. 그림을 보고 경기 수를 구해 보시오.

STEP 2 이미 민준이와 한 경기는 제외하고, 서윤이가 해야 하는 경기를 ⟶로 나타내고 경기 수를 구해 보시오.

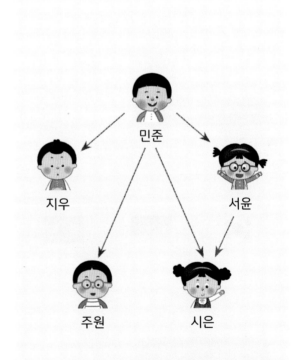

STEP 3 이미 한 경기는 제외하고, 시은, 주원, 지우가 해야 하는 경기를 각각 화살표로 나타내고 경기 수를 구해 보시오.

STEP 4 5명이 해야 하는 총 경기 수를 구해 보시오.

＞ 정답과 풀이 35쪽

01 6팀이 리그 방식으로 경기할 때의 총 경기 수와 토너먼트 방식으로 경기할 때 총 경기 수를 각각 구해 보시오.

02 1반부터 4반까지 야구 경기를 한 결과의 일부입니다. 대진표의 빈칸에 알맞은 반을 써넣고, 총 경기 수를 구해 보시오.

| 보기 |

〈시우, 이든, 준서가 토너먼트 방식으로 경기한 경우〉

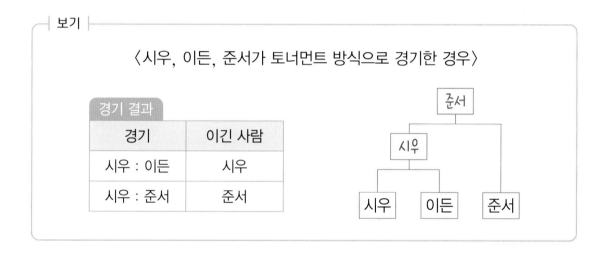

경기 결과	
경기	이긴 사람
시우 : 이든	시우
시우 : 준서	준서

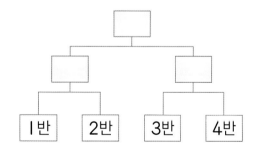

경기 결과	
경기	승리한 반
1반 : 2반	2반
3반 : 4반	
2반 :	4반

② 진실과 거짓

주어진 문장을 보고 알맞은 말에 ○표 하시오.

| 보기 |

 진실
나는 운동을
하고 있습니다.

혜민

➡ 혜민이는 운동을 하고
((있습니다) , 있지 않습니다).

 거짓
나는 팽이를
갖고 있습니다.

주호

➡ 주호는 팽이를 갖고
(있습니다 , 있지 않습니다).

 진실
나는 미술 학원을
다니고 있지 않습니다.

유라

➡ 유라는 미술 학원을 다니고
(있습니다 , 있지 않습니다).

 거짓
나는 햄버거를
먹고 있지 않습니다.

예서

➡ 예서는 햄버거를 먹고
(있습니다 , 있지 않습니다).

 거짓
나는 장갑을
끼고 있습니다.

은혁

➡ 은혁이는 장갑을 끼고
(있습니다 , 있지 않습니다).

 **범인 찾기**

친구들의 대화의 진실과 거짓을 보고, 범인 1명을 찾아보시오.

보기

진실
나는 쓰레기를
버리지 않았어.

다은   진실이므로
버리지 않았다.

거짓
나는 쓰레기를
버렸어.

정한   거짓이므로
버리지 않았다.

거짓
나는 쓰레기를
버리지 않았어.

은우   거짓이므로
버렸다.

➡ 쓰레기를 버린 사람은 **은우** 입니다.

거짓
나는 물건을
훔쳤어.

민후

거짓
나는 물건을
훔치지 않았어.

재희

진실
나는 누가 물건을
훔쳤는지 알아.

상선

➡ 물건을 훔친 사람은 　　　 입니다.

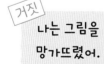

거짓
나는 그림을
망가뜨렸어.

이준

진실
나는 누가 그림을
망가뜨렸는지 몰라.

태윤

거짓
나는 그림을
망가뜨리지 않았어.

민주

➡ 그림을 망가뜨린 사람은 　　　 입니다.

② 진실과 거짓

대표문제

친구들의 대화의 진실과 거짓을 보고, 유리컵을 깬 범인 1명을 찾아보시오.

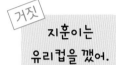

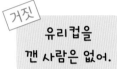

거짓
지훈이는
유리컵을 깼어.

경진

진실
나와 민성이는
유리컵을 깨지 않았어.

지훈

거짓
유리컵을
깬 사람은 없어.

민성

STEP ① 주어진 문장을 보고 알맞은 말에 ○표 하시오.

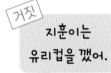

거짓
지훈이는
유리컵을 깼어.

경진

➡ 지훈이는 유리컵을
(깼습니다 , 깨지 않았습니다).

STEP ② 주어진 문장을 보고 알맞은 말에 ○표 하시오.

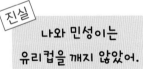

진실
나와 민성이는
유리컵을 깨지 않았어.

지훈

➡ 지훈이와 민성이는 유리컵을
(깼습니다 , 깨지 않았습니다).

STEP ③ 주어진 문장을 보고 알맞은 말에 ○표 하시오.

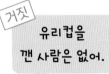

거짓
유리컵을
깬 사람은 없어.

민성

➡ 유리컵을 깬 사람은
(있습니다 , 없습니다).

STEP ④ 유리컵을 깬 범인을 찾아보시오.

01 친구들의 대화의 진실과 거짓을 보고, 종이를 찢은 범인 1명을 찾아보시오.

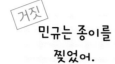 민규는 종이를 찢었어.

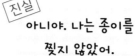 아니야. 나는 종이를 찢지 않았어.

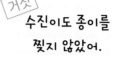 수진이도 종이를 찢지 않았어.

 수진

 민규

 영재

02 친구들의 대화의 진실과 거짓을 보고, 몰래 초콜릿을 먹은 범인 1명을 찾아보시오.

혜주: 나는 누가 초콜릿을 먹었는지 알아. 진실

아영: 호준이가 초콜릿을 먹었어. 거짓

호준: 혜주는 초콜릿을 먹지 않았어. 거짓

③ 빈병 바꾸기

가게에 빈 병을 가져가면 새 음료수로 바꿔 줍니다. 주어진 조건에 따라 음료수를 마시고 나온 빈 병을 여러 번 바꿀 때, 마실 수 있는 음료수의 최대 개수를 구해 보시오.

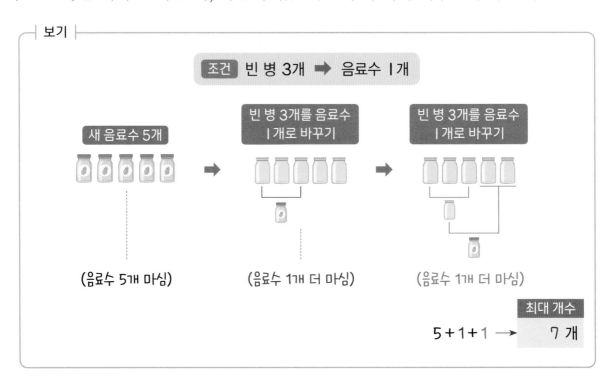

보기

조건 빈 병 3개 ➡ 음료수 1개

새 음료수 5개 ➡ 빈 병 3개를 음료수 1개로 바꾸기 ➡ 빈 병 3개를 음료수 1개로 바꾸기

(음료수 5개 마심)   (음료수 1개 더 마심)   (음료수 1개 더 마심)

최대 개수
5 + 1 + 1 ➡ 7 개

조건 빈 병 2개 ➡ 음료수 1개

5개

최대 개수
개

조건 빈 병 5개 ➡ 음료수 2개

8개

최대 개수
개

🔍 **2가지 조건으로 빈 병 바꾸기**

가게에 빈 병을 가져가면 새 음료수로 바꿔 줍니다. 2가지 조건을 사용하여 빈 병을 여러 번 바꿀 때, 마실 수 있는 음료수의 최대 개수를 구해 보시오.

┌ 보기 ┐

조건1 빈 병 2개 ➡ 음료수 1개   조건2 빈 병 3개 ➡ 음료수 2개

방법1 〈조건1부터 사용한 경우〉   방법2 〈조건2부터 사용한 경우〉

4개 🍾 🍾 🍾 🍾   4개 🍾 🍾 🍾 🍾

최대 개수

____개

대표문제

A 가게에 빈 병 3개를 가져가면 음료수 1개로 바꿔 주고, 빈 병 5개를 가져가면 음료수 2개로 바꿔 줍니다. 민수가 음료수 12개를 샀을 때, 마실 수 있는 음료수의 최대 개수를 구해 보시오.

STEP 1 아래의 조건1 을 먼저 사용하여 마실 수 있는 음료수의 최대 개수를 구해 보시오.

조건1 빈 병 3개 ➡ 음료수 1개

STEP 2 아래의 조건2 를 먼저 사용하여 마실 수 있는 음료수의 최대 개수를 구해 보시오.

조건2 빈 병 5개 ➡ 음료수 2개

STEP 3 STEP 1, STEP 2 중 어느 경우에 음료수를 더 많이 먹을 수 있는지 구해 보시오.

▶ 정답과 풀이 39쪽

01 가게에 빈 병 2개를 가져가면 주스 1개로 바꿔 주고, 빈 병 5개를 가져가면 주스 3개로 바꿔 줍니다. 규리가 주스 7개를 샀을 때, 마실 수 있는 주스의 최대 개수를 구해 보시오.

02 유정이네 학교 매점에서 빈 음료수 병 5개를 가져가면 새 음료수 2개를 주는 행사를 하고 있습니다. 유정이는 친구들과 한 개씩 나누어 마시기 위해 음료수 14개를 샀습니다. 실제로 음료수를 마실 수 있는 사람은 모두 몇 명입니까?

Creative 팩토

01 지율, 윤우, 우빈, 이준이가 팔씨름 대결을 하여 다음과 같은 결과가 나왔습니다. 대진표의 빈칸에 알맞은 이름을 써넣으시오.

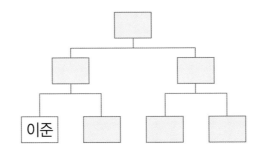

대결 결과

- 윤우와 우빈이의 대결에서는 우빈이가 이겼습니다.
- 지율이는 팔씨름을 한 번밖에 하지 않았습니다.
- 이준이는 2등을 하였습니다.

이준

02 친구들의 대화의 진실과 거짓을 보고, 빈칸에 알맞은 숫자를 써넣으시오.

거짓
숫자 9는 셋째 번 칸에 있어.

진실
숫자 8은 첫째 번 칸에 있어.

진실
숫자 2가 마지막 칸에 있어.

2 8 9 4 ➡

첫째 둘째 셋째 넷째

03 음료수를 마시고 남은 병을 3개 가져가면 새 음료수 1개를 주는 행사가 있습니다. 음료수 1개의 가격이 1000원일 때, 10000원으로 마실 수 있는 음료수는 최대 몇 개입니까?

04 세 사람 중 한 명만 반드시 서울에 살고 있다고 할 때, 서울에 살고 있는 친구를 찾아보시오.

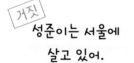

거짓
성준이는 서울에 살고 있어.

진실
유민이는 바다 바로 옆에 살고 있어.

거짓
나는 누가 서울에 살고 있는지 몰라.

유민   시호   성준

④ 배치하기

 자리 찾기 (1)

주어진 문장을 보고, 친구들이 앉은 자리에 ○표 하시오.

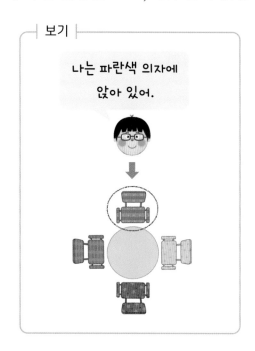

나는 파란색 의자에 앉아 있어.

나는 빨간색 의자 왼쪽에 앉아 있어.

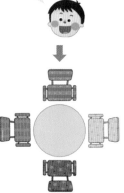

나는 보라색 의자와 마주보고 앉아 있어.

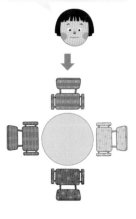

나는 노란색 의자 왼쪽에 앉아 있어.

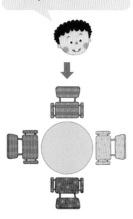

내가 앉은 의자 오른쪽에 보라색 의자가 있어.

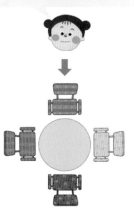

▶ 정답과 풀이 **41**쪽

 **자리 찾기 (2)**

대화를 보고, 친구들이 앉은 자리에 이름을 써 보시오.

- 유라: 나는 빨간색 의자에 앉아
  있어.
- 이준: 나는 유라의 바로
  왼쪽에 앉아 있어.

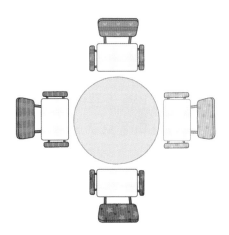

- 민수: 나는 노란색 의자에 앉아
  있어.
- 연우: 나의 오른쪽에
  민수가 앉아 있어.

Lecture　**배치하기**

수진이의 바로 왼쪽과 바로 오른쪽을 찾을 때는 수진이의 앞이 어느 방향인지에 따라 왼쪽과 오른쪽이 정해집니다.

④ 배치하기

대표문제

대화를 보고, 친구들이 앉은 자리를 찾아 이름을 써 보시오.

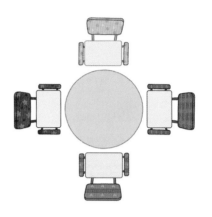

- **다빈**: 나는 노란색 의자에 앉아 있어.
- **지혜**: 나는 승기의 바로 오른쪽에 앉아 있어.
- **원호**: 나는 지혜와 마주 보고 앉아 있어.

STEP ① 다빈이의 자리를 찾아 경우1 과 경우2 에 모두 써 보시오.

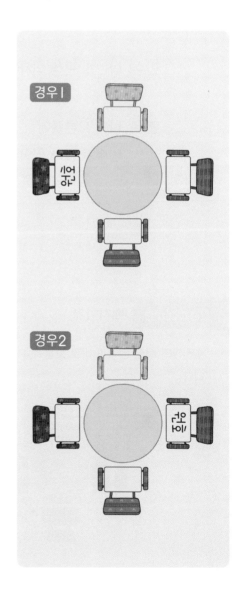

STEP ② 다음 대회에서 원호와 지혜가 앉을 수 있는 자리를 2가지 경우로 나누어 의자에 이름을 써 보시오.

- **원호**: 나는 지혜와 마주 보고 앉아 있어.

STEP ③ 경우1 과 경우2 중 승기의 자리로 알맞은 것을 찾아 승기의 이름을 써 보시오.

- **지혜**: 나는 승기의 바로 오른쪽에 앉아 있어.

01 대화를 보고, 친구들이 앉은 자리를 찾아 이름을 써 보시오.

- **성아:** 나는 파란색 의자에 앉아 있어.
- **난희:** 소은이와 재민이는 서로 옆에 앉아 있지 않아.
- **재민:** 난희의 바로 왼쪽에 소은이가 앉아 있어.

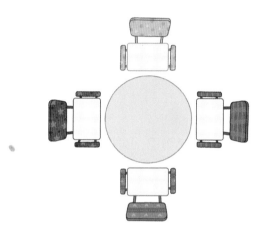

02 동물원의 우리에 사자, 호랑이, 토끼, 양을 한 마리씩 넣으려고 합니다. 사육사가 남겨 놓은 글을 보고, 빈칸에 알맞은 동물을 써넣으시오.

- 양은 사자를 아주 무서워해서 사자가 옆 우리에 오는 걸 싫어해.
- 토끼는 자기 오른쪽에 양이 있어야만 먹이를 잘 먹어.

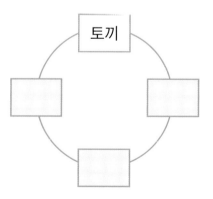

5 순서도 해석하기

순서도에서 출력되는 S의 값을 구해 보시오.

순서도의 기호

순서도의 시작과 끝	하는 일	출력되는 결과

보기

시작

A ← 2, B ← 5 ……… A에 2, B에 5를 넣기 ➡ | A 2 | B 5 |

S ← A + B ……… S에 A + B를 넣기 ➡ | A 2 | B 5 | S 7 |
　　　　　　　　　　　(2)　(3)

S ……… S를 출력하기 ➡ 출력: 7

끝

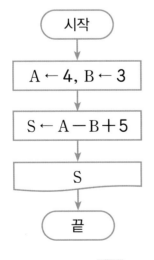

시작

A ← 4, B ← 3

S ← A − B + 5

S

끝

➡ 출력:

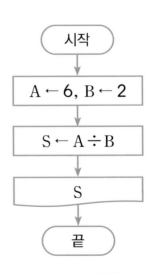

시작

A ← 6, B ← 2

S ← A ÷ B

S

끝

➡ 출력:

🧩 **새로운 값으로 고쳐 순서도 해석하기**

순서도에서 출력되는 A의 값을 구해 보시오.

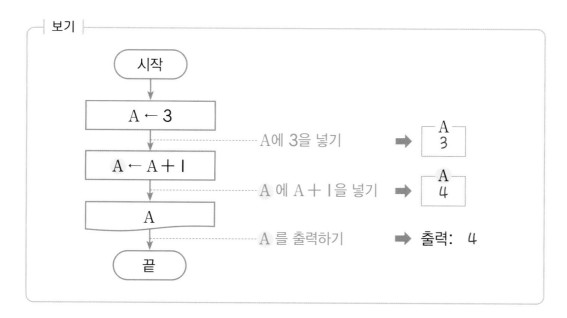

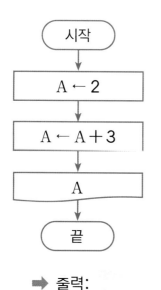

➡ 출력:

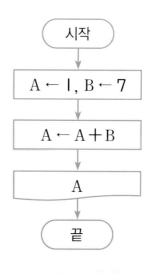

➡ 출력:

대표문제

순서도에서 출력되는 S의 값을 구해 보시오.

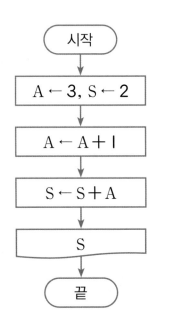

STEP **1** ㉮에서 A, S의 값을 각각 구해 보시오.

STEP **2** ㉯에서 A, S의 값을 각각 구해 보시오.

STEP **3** ㉰에서 A, S의 값을 각각 구해 보시오.

STEP **4** 순서도에서 출력되는 S의 값을 구해 보시오.

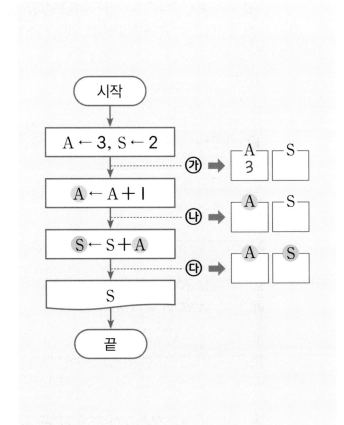

01 순서도에서 출력되는 S의 값을 구해 보시오.

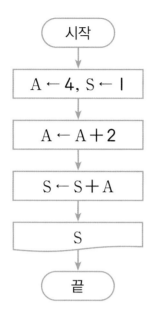

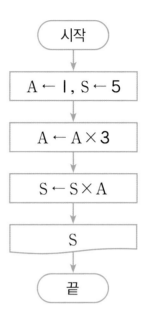

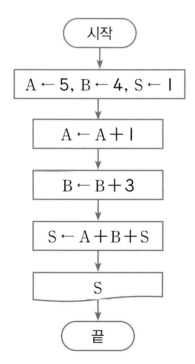

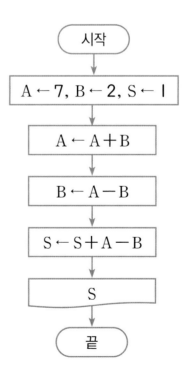

연역표

주어진 문장을 보고, 알맞은 말에 ○표 하시오.

- 민호, 서영, 은채는 사과, 포도, 배 중 서로 다른 과일을 1가지씩 좋아합니다.
- **서영이는 사과를 좋아합니다.**

➡ 서영이는 배를 (좋아합니다 , 좋아하지 않습니다).

- 현수, 채윤, 도영이의 성은 김씨, 박씨, 최씨 중 서로 다른 1가지입니다.
- **채윤이의 성은 김씨입니다.**

➡ 현수는 김씨가 (맞습니다 , 아닙니다).

- 지안, 세영, 서윤 3명이 달리기 시합을 했습니다.
- **세영이는 지안이보다 늦게 들어왔습니다.**

➡ 세영이는 (1등 , 2등)이 아닙니다.

- 승우, 연호, 아린이는 강아지, 토끼, 고양이 중 서로 다른 동물을 1가지씩 좋아합니다.
- **연호는 토끼를 좋아하는 사람과 이웃입니다.**

➡ 연호는 (강아지 , 토끼)를 좋아하지 않습니다.

문장을 보고,　안에 좋아하는 것은 ○, 좋아하지 않는 것은 ✕표 하시오.

| 보기 |

- 건호, 성은, 지수는 강아지, 고양이, 햄스터 중 서로 다른 동물을 1가지씩 좋아합니다.
- **건호는 고양이를 좋아합니다.**

	강아지	고양이	햄스터
건호		○	
성은			
지수			

건호는 고양이를
좋아합니다.

➡

	강아지	고양이	햄스터
건호	✕	○	✕
성은			
지수			

건호는 고양이를 좋아하므로
강아지와 햄스터를
좋아하지 않습니다.

➡

	강아지	고양이	햄스터
건호	✕	○	✕
성은		✕	
지수		✕	

건호가 고양이를 좋아하므로
성은이와 지수는 고양이를
좋아하지 않습니다.

- 아영, 준호, 시온이는 떡볶이, 피자, 치킨 중 서로 다른 음식을 1가지씩 좋아합니다.
- **준호는 떡볶이와 치킨을 좋아하지 않습니다.**

	떡볶이	피자	치킨
아영			
준호	✕		✕
시온			

- 예나, 재윤, 은우는 연필, 볼펜, 샤프 중에서 서로 다른 학용품을 1가지씩 좋아합니다.
- **예나와 재윤이는 샤프를 좋아하지 않습니다.**

	연필	볼펜	샤프
예나			
재윤			
은우			

대표문제

윤아, 혜민, 지유는 자전거, 인형, 팽이 중 서로 다른 물건을 1가지씩 가지고 있습니다.
문장을 보고, 친구들이 가지고 있는 물건을 알아보시오.

• 혜민이는 인형을 가지고 있는 사람과 이웃입니다.
• 지유는 자전거도 인형도 가지고 있지 않습니다.

STEP ① 문장을 보고 알 수 있는 사실을 완성하고, 표 안에 가지고
있는 것은 ○, 가지고 있지 않은 것은 ✕표 하시오.

	자전거	인형	팽이
윤아			
혜민			
지유			

1 표의 □ 안에 ○ 또는 ✕표 하기

혜민이는 인형을 가지고 있는 사람과 이웃입니다.

알 수 있는 사실
혜민이는 인형을 가지고 (있습니다 , 있지 않습니다).

2 표의 □ 안에 ○ 또는 ✕표 하기

지유는 자전거도 인형도 가지고 있지 않습니다.

알 수 있는 사실
• 지유는 (자전거 , 인형 , 팽이)를 가지고 있습니다.
• 윤아와 혜민이는 팽이를 가지고 (있습니다 , 있지 않습니다).

STEP ② **STEP ①** 의 표의 남은 칸을 완성하여 친구들이 가지고 있는 물건을 알아보시오.

윤아: ____ , 혜민: ____ , 지유: ____

▶ 정답과 풀이 46쪽

01 서진, 설희, 채아는 나비, 매미, 풍뎅이 중 서로 다른 곤충을 1마리씩 채집하였습니다. 문장을 보고, 표를 이용하여 친구들이 잡은 곤충을 알아보시오.

- 서진이는 나비를 잡지 않았습니다.
- 채아는 나비, 풍뎅이를 잡은 사람들과 친합니다.

	나비	매미	풍뎅이
서진			
설희			
채아			

02 준우, 라윤, 형주는 8살, 9살, 10살 중 서로 다른 나이입니다. 문장을 보고, 표를 이용하여 친구들의 나이를 알아보시오.

- 준우는 내년에 9살이 됩니다.
- 형주는 10살이 아닙니다.

	8살	9살	10살
준우			
라윤			
형주			

Creative 팩토

01 문장을 보고, 도윤이와 마주 보고 앉은 사람을 찾아 이름을 써 보시오.

- 도윤이와 나윤이는 빨간색 의자에 앉아 있습니다.
- 시현이의 왼쪽에는 재진이가 앉아 있습니다.
- 도윤이의 왼쪽에는 시현이가 앉아 있습니다.

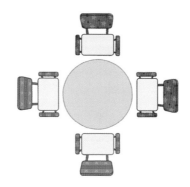

02 순서도에서 1이 출력되었습니다. ▨ 안에 알맞은 수를 써넣으시오.

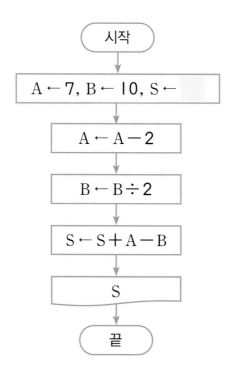

시작

$A \leftarrow 7, B \leftarrow 10, S \leftarrow$ ▨

$A \leftarrow A - 2$

$B \leftarrow B \div 2$

$S \leftarrow S + A - B$

S

끝

03 연진이와 아버지, 어머니 세 사람은 기르는 강아지에게 각각 아침, 점심, 저녁으로 밥을 I번씩 주기로 하였습니다. 문장을 보고, 표를 이용하여 누가 언제 강아지에게 밥을 줘야 하는지 알아보시오.

> · 아버지는 아침에 너무 바쁘셔서 아침 식사도 거르고 출근하십니다.
> · 점심 때 집에 있는 사람은 어머니밖에 없습니다.

	아침	점심	저녁
연진			
아버지			
어머니			

04 대화를 보고, 친구들이 앉은 자리를 찾아 이름을 써 보시오.

> · **우빈**: 나는 서아의 바로 왼쪽에 앉아 있어.
> · **민재**: 서아와 유미는 서로 마주 보고 앉아 있어.
> · **서아**: 민재는 내 바로 오른쪽 보라색 의자에 앉아 있어.

01 1반, 2반, 3반, 4반, 5반은 리그 방식으로 배드민턴 경기를 하려고 합니다. 지금까지 1반, 2반, 3반, 4반은 각각 1번씩 경기를 했다고 할 때, 남은 경기는 몇 번인지 구해 보시오.

02 가게에 빈 병 3개를 가져가면 새 음료수 1개로 바꾸어 줍니다. 음료수 16개를 마시기 위해서는 처음에 적어도 음료수를 몇 개 사야 합니까?

바꾸는 방법

03 순서도에서 출력되는 값을 구해 보시오.

순서도의 판단 기호

◇ 는 판단을 나타냅니다.
판단 결과가 옳으면 '예', 옳지 않으면 '아니오'로 갈라집니다.

보기

시작

A ← 3, B ← 4 ⟶ A에 3을, B에 4를 넣기 ➡ A=3, B=4

A＝0 ⟶ A와 0이 같은지 판단 ➡ A=3이므로 0과 같지 않음

예 → A   아니오 → B

⟶ '아니오'이므로 B를 출력 ➡ 출력: 4

끝

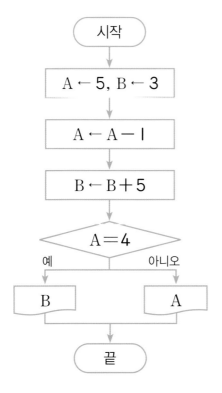

시작

A ← 5, B ← 3

A ← A − 1

B ← B + 5

A＝4

예 → B   아니오 → A

끝

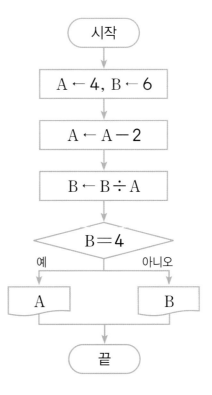

시작

A ← 4, B ← 6

A ← A − 2

B ← B ÷ A

B＝4

예 → A   아니오 → B

끝

01 다음 글을 읽고, 물음에 답하시오.

> 오즈의 마법사를 찾아 길을 떠난 도로시와 도로시의 강아지인 페페, 그리고 여행 중에
> 마주친 친구들 — 겁쟁이 사자, 허수아비, 양철 나무꾼 — 은 커다란 동굴의 문앞에
> 다다르게 되었습니다. 문의 오른쪽에는 다음과 같은 푯말이 하나 있었습니다.

> 도로시와 친구들에게!
>
> 이 동굴을 무사히 통과하기 위해서는 다음과 같은 규칙을 지켜야만 한다.
>
> 첫째, 하나는 가운데에 있고, 나머지 넷은 가운데의 앞쪽, 뒤쪽, 오른쪽, 왼쪽에
> 서 있어야 한다.
>
> 둘째, 겁쟁이 사자가 왼쪽에 있으면 동굴의 유령이 겁쟁이 사자를 잡아갈 것이다.
>
> 셋째, 강아지 페페가 가장 앞쪽이나 뒤쪽에 있어야 함정을 발견할 수 있다.
>
> 넷째, 도로시는 페페의 목줄을 잡고 가야 하므로 도로시가 페페의 바로 앞이나 뒤에
> 있어야 친구들이 줄에 걸려 넘어지지 않는다.
>
> 다섯째, 동굴의 오른쪽에는 중간중간 용암이 흐르고 있는 곳이 있어서 허수아비가
> 오른쪽에 서 있다면 타버리고 말 것이다.
>
> — 오즈의 마법사 —

도로시와 친구들이 위험한 동굴을 무사히 건너 오즈의 마법사와 만나려면 어떻게
동굴을 통과해야 할까요? 여러 가지 방법을 찾아 그림에 나타내어 보시오.

	페페	
허수아비	도로시	사자
	나무꾼	

❯ 정답과 풀이 **49**쪽

02 리그와 토너먼트 경기 방식을 비교하여 장점과 단점을 써 보시오.

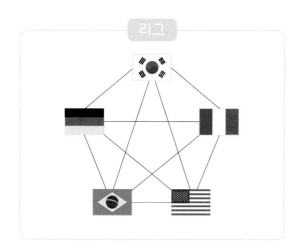

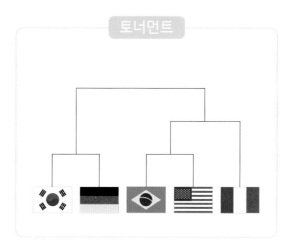

리그의 장점과 단점

토너먼트의 장점과 단점

MEMO

영재학급, 영재교육원,
경시대회 준비를 위한

창의사고력
초등수학
팩토

Lv. **2**
기본 **ⓒ**

형성 평가
─────
총괄 평가

형성평가

연산 영역

| 시험일시 | | 년 | 월 | 일 |
| 이 름 | | | | |

권장 시험 시간　30분

✔ 총 문항 수(10문항)를 확인해 주세요.

✔ 권장 시험 시간(30분) 안에 문제를 풀어 주세요.

✔ 문제를 정확히 읽고 답을 바르게 쓰세요.

✔ 잘 풀리지 않는 문제가 있으면 쉬운 문제부터 해결한 후 다시 도전해 보세요.

01 계산기로 다음과 같이 계산할 때 + 버튼을 한 번 누르지 않아 계산 결과가 56이 나왔습니다. 누르지 않은 + 버튼에 ○표 하시오.

$$2 + 3 + 4 + 5 + 6 = 56$$

02 ▦ 안에 알맞은 숫자를 써넣어 덧셈식을 완성해 보시오.

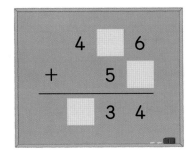

3 다음 식에서 ●, ▲, ◆이 나타내는 숫자를 각각 구해 보시오. (단, 같은 모양은 같은 숫자를, 다른 모양은 다른 숫자를 나타냅니다.)

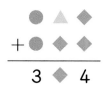

$$
\begin{array}{r}
\bullet\ \blacktriangle\ \blacklozenge \\
+\ \bullet\ \blacklozenge\ \blacklozenge \\
\hline
3\ \blacklozenge\ 4
\end{array}
$$

4 ⬤ 안에 연산 기호 ＋, －를 써넣어 식을 완성해 보시오.

$$
\begin{aligned}
6\ \bigcirc\ 5\ \bigcirc\ 4\ \bigcirc\ 3\ \bigcirc\ 2\ \bigcirc\ 1 &= 21 \\
6\ \bigcirc\ 5\ \bigcirc\ 4\ \bigcirc\ 3\ \bigcirc\ 2\ \bigcirc\ 1 &= 19 \\
6\ \bigcirc\ 5\ \bigcirc\ 4\ \bigcirc\ 3\ \bigcirc\ 2\ \bigcirc\ 1 &= 17 \\
6\ \bigcirc\ 5\ \bigcirc\ 4\ \bigcirc\ 3\ \bigcirc\ 2\ \bigcirc\ 1 &= 15
\end{aligned}
$$

05 주어진 5장의 숫자 카드 중 4장을 사용하여 덧셈식과 뺄셈식을 만들려고 합니다. 덧셈식과 뺄셈식의 계산 결과가 가장 클 때의 값을 각각 구해 보시오.

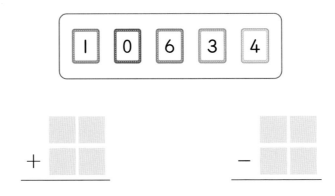

06 I부터 9까지의 숫자 중 서로 다른 숫자로 이루어진 덧셈식입니다. ▨ 안에 알맞은 숫자를 써넣어 덧셈식을 완성해 보시오.

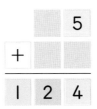

●은 같은 숫자를 나타낼 때, ●이 나타내는 숫자를 구해 보시오.

$$●+●+●+●+●+●+●=3●$$

08 다음 식에서 ★이 나타내는 수를 구해 보시오. (단, 같은 모양은 같은 수를, 다른 모양은 다른 수를 나타냅니다.)

$$◆ \times ◆ = ◆ + ◆$$
$$◆ \times ◆ = ■$$
$$■ + ■ = ▲$$
$$▲ - ★ = ◆$$

09 ⬤ 안에 연산 기호 ＋, －를 써넣어 2가지 방법으로 식을 완성해 보시오.

[방법1] 6 ⬤ 2 ⬤ 5 ＝ 15 ⬤ 4 ⬤ 2

[방법2] 6 ⬤ 2 ⬤ 5 ＝ 15 ⬤ 4 ⬤ 2

10 4부터 9까지의 숫자를 한 번씩만 사용하여 다음 식을 만들 때, 계산 결과가 가장 클 때의 값을 구해 보시오.

□□ － □□ ＋ □□

수고하셨습니다!

정답과 풀이 50쪽 ▶

형성평가

공간 영역

시험일시 | 년   월   일

이　름 |

권장 시험 시간　30분

✔ 총 문항 수(10문항)를 확인해 주세요.

✔ 권장 시험 시간(30분) 안에 문제를 풀어 주세요.

✔ 문제를 정확히 읽고 답을 바르게 쓰세요.

✔ 잘 풀리지 않는 문제가 있으면 쉬운 문제부터 해결한 후 다시 도전해 보세요.

채점 결과를 매스티안 홈페이지(https://www.mathtian.com)에 방문하여 양식에 맞게 입력해 보세요.
「형성평가 결과지」를 직접 받아보실 수 있습니다.

01 다음 모양을 만들기 위해 필요한 ㉮, ㉯ 블록은 각각 몇 개인지 구해 보시오.

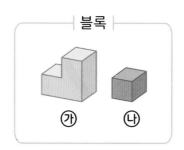

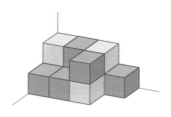

02 블록으로 쌓은 모양을 보고, 위, 앞, 옆에서 본 모양을 그린 후 각 칸에 알맞은 색깔을 써 보시오. (단, 노랑은 '노', 보라는 '보', 연두는 '연', 파랑은 '파'로 써 보시오.)

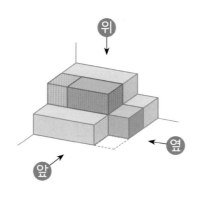

위에서 본 모양	앞에서 본 모양	옆에서 본 모양

03 다음 중 <u>다른</u> 주사위 한 개를 찾아 기호를 써 보시오. (단, 주사위의 마주 보는 두 면의 눈의 수의 합은 7입니다.)

04 서로 다른 3개의 조각으로 만든 모양을 보고 나머지 2개의 조각을 찾아 기호를 써 보시오.

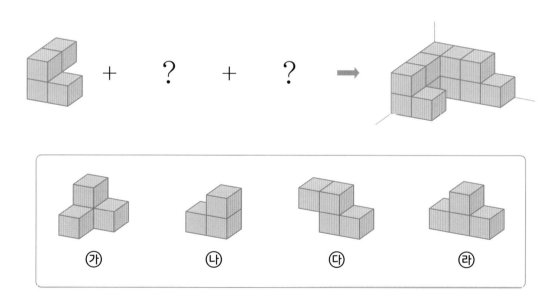

05 구멍 뚫린 색종이 3장을 겹친 모양을 보고 가장 위에 있는 색종이부터 차례로 1, 2, 3을 써 보시오. (단, 주어진 색종이를 돌리거나 뒤집지 않습니다.)

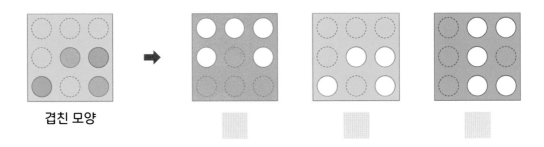

겹친 모양

06 다음과 같이 색종이를 2번 접어 검은색으로 칠한 부분을 잘랐습니다. 색종이를 펼쳤을 때 잘려진 부분에 색칠해 보시오.

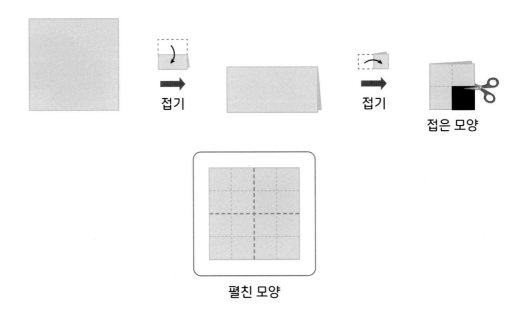

접기　　접기

접은 모양

펼친 모양

7 다음 모양을 만들기 위해 필요한 ㉮, ㉯ 블록은 각각 몇 개인지 구해 보시오.

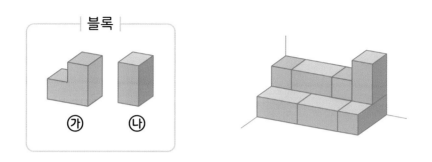

8 블록으로 쌓은 모양을 보고 위에서 본 모양을 그린 후 각 칸에 알맞은 색깔을 써 보시오. (단, 노랑은 '노', 보라는 '보', 연두는 '연', 파랑은 '파'로 써 보시오.)

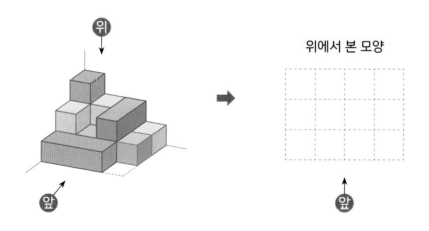

09 구멍 뚫린 색종이 3장을 겹친 후 다음 종이 위에 올려놓을 때, 보이는 수를 모두 더한 값을 구해 보시오. (단, 주어진 색종이를 돌리거나 뒤집지 않습니다.)

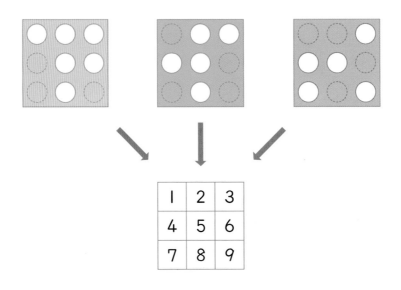

10 주어진 주사위를 굴렸을 때 분홍색으로 칠한 면의 눈의 수를 구해 보시오.
(단, 주사위의 마주 보는 두 면의 눈의 수의 합은 7입니다.)

굴리기 전 주사위   굴린 후 주사위

수고하셨습니다!

정답과 풀이 53쪽

형성평가

논리추론 영역

시험일시	년 월 일
이 름	

권장 시험 시간 30분

✔ 총 문항 수(10문항)를 확인해 주세요.

✔ 권장 시험 시간(30분) 안에 문제를 풀어 주세요.

✔ 문제를 정확히 읽고 답을 바르게 쓰세요.

✔ 잘 풀리지 않는 문제가 있으면 쉬운 문제부터 해결한 후 다시 도전해 보세요.

01 윤민이네 반 친구들 10명이 토너먼트 방식으로 팔씨름 경기를 하려고 할 때, 총 경기 수를 구해 보시오.

02 친구들의 대화의 진실과 거짓을 보고, 과자를 먹은 사람 1명을 찾아보시오.

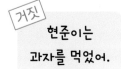

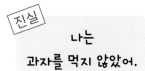

시우

민서

현준

03 하윤이네 학교 매점에서 빈 음료수 병 3개를 가져가면 새 음료수 1개를 주는 행사를 하고 있습니다. 하윤이는 친구들과 한 개씩 나누어 마시기 위해 음료수 13개를 샀습니다. 실제로 음료수를 마실 수 있는 사람은 모두 몇 명입니까?

04 대화를 보고, 친구들이 앉은 자리를 찾아 이름을 써 보시오.

- **지우**: 예원이는 내 왼쪽에 앉아 있어.
- **예원**: 지우와 시윤이는 바로 옆에 앉아 있지 않아.
- **윤슬**: 나는 노란색 의자에 앉아 있어.

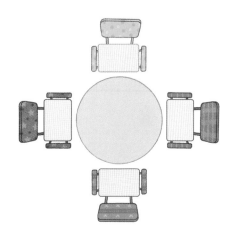

05 순서도에서 출력되는 S의 값을 구해 보시오.

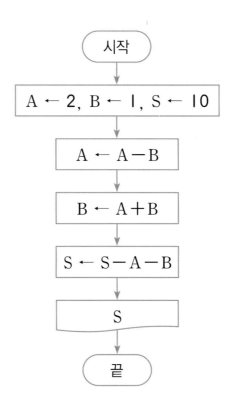

06 재원, 서현, 유주는 딸기 맛, 초코 맛, 녹차 맛 중 서로 다른 아이스크림을 1개씩 먹었습니다. 문장을 보고, 표를 이용하여 친구들이 먹은 아이스크림을 알아보시오.

- 서현이는 녹차 맛을 먹지 않았습니다.
- 유주는 초코 맛, 녹차 맛을 먹은 사람들과 친합니다.

	딸기 맛	초코 맛	녹차 맛
재원			
서현			
유주			

07 친구들의 대화의 진실과 거짓을 보고, 컵을 깬 범인 1명을 찾아보시오.

연우: 수민이가 컵을 깼어. 거짓

예희: 나는 누가 컵을 깼는지 알아. 진실

수민: 예희는 컵을 깨지 않았어. 거짓

08 가게에 빈 병 3개를 가져가면 주스 1개로 바꿔 주고, 빈 병 5개를 가져가면 주스 3개로 바꿔 줍니다. 소율이가 주스 11개를 샀을 때, 마실 수 있는 주스의 최대 개수를 구해 보시오.

09 민서, 이한, 도연이는 각각 1살 차이가 납니다. 문장을 보고, 표를 이용하여 친구들의 나이를 알아보시오.

> • 민서는 내년에 10살이 됩니다.
> • 이한이는 11살이 아닙니다.

	9살	10살	11살
민서			
이한			
도연			

10 강빈, 시호, 유준, 민율이가 테니스 경기를 하여 다음과 같은 결과가 나왔습니다. 대진표의 빈칸에 알맞은 이름을 써넣으시오.

> **경기 결과**
>
> • 유준이는 경기를 한 번밖에 하지 않았습니다.
> • 강빈이는 2등을 하였습니다.
> • 시호와 민율이의 대결에서 민율이가 이겼습니다.

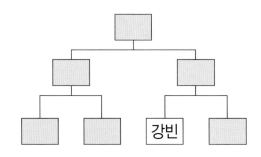

수고하셨습니다!

정답과 풀이 56쪽 ▶

총괄평가

Lv. ❷ 기본 C

권장 시험 시간	30분

시험일시 | 년   월   일

이 름 |

✓ 총 문항 수(10문항)를 확인해 주세요.

✓ 권장 시험 시간(30분) 안에 문제를 풀어 주세요.

✓ 문제를 정확히 읽고 답을 바르게 쓰세요.

✓ 잘 풀리지 않는 문제가 있으면 쉬운 문제부터 해결한 후 다시 도전해 보세요.

01 숫자 카드 ⑴, ④, ⑸, ⑺, ⑻을 모두 사용하여 다음 덧셈식을 만들 때, 합이 가장 큰 때의 값을 구해 보시오.

02 다음 식에서 ▲과 ●이 나타내는 수를 각각 구해 보시오. (단, 같은 모양은 같은 수를, 다른 모양은 다른 수를 나타내고, ▲은 ●보다 큰 수입니다.)

$$▲ + ● = 11$$
$$▲ × ● = 30$$

03 계산기로 다음과 같이 계산할 때 $+$ 버튼을 한 번 누르지 않아 계산 결과가 70이 나왔습니다. 누르지 않은 $+$ 버튼에 ○표 하시오.

$$3 \; + \; 4 \; + \; 5 \; + \; 6 \; + \; 7 \; = \; 70$$

04 다음에서 같은 모양은 같은 수를, 다른 모양은 다른 수를 나타냅니다. 가로와 세로의 같은 줄에 있는 수를 더해 빈칸에 알맞은 수를 써넣으시오.

05 다음 모양을 만들기 위해 필요한 ㉮, ㉯ 블록은 각각 몇 개인지 구해 보시오.

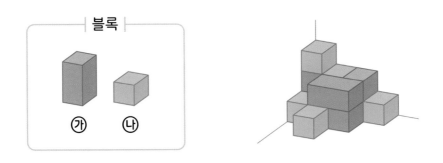

06 다음과 같이 색종이를 2번 접어 검은색으로 칠한 부분을 잘랐습니다. 색종이를 펼쳤을 때 잘려진 부분에 색칠해 보시오.

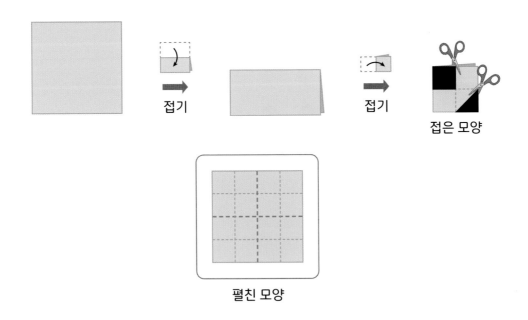

07 구멍 뚫린 색종이 3장을 겹친 모양을 보고 가장 위에 있는 색종이부터 차례로 1, 2, 3을 써 보시오. (단, 주어진 색종이를 돌리거나 뒤집지 않습니다.)

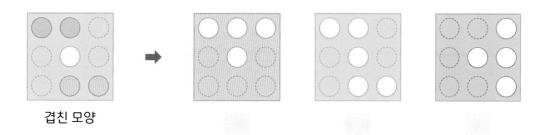

겹친 모양

08 순서도에서 출력되는 S의 값을 구해 보시오.

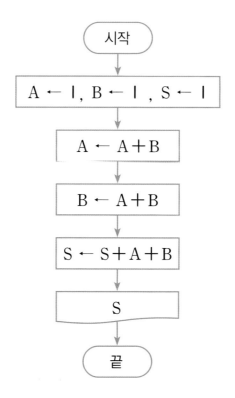

09 대화를 보고, 친구들이 앉은 자리를 찾아 이름을 써 보시오.

- **소율**: 나는 빨간색 의자에 앉아 있어.
- **현서**: 지안이와 유주는 옆에 앉아 있지 않아.
- **유주**: 나는 현서 바로 왼쪽에 앉아 있어.

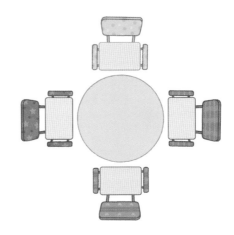

10 체육대회 날 로운, 유하, 태오가 달리기를 했습니다. 3등을 한 학생은 누구인지 이름을 써 보시오.

- 로운이와 태오는 가장 먼저 결승선에 들어온 사람은 아닙니다.
- 태오의 뒤에는 다른 친구가 있었습니다.

수고하셨습니다!

창의사고력
초등수학

팩토

팩토는 자유롭게 자신감있게 창의적으로
생각하는 주·니·어·수·학·자입니다.

Free Active Creative Thinking O. Junior mathtian

영재학급, 영재교육원,
경시대회 준비를 위한

창의사고력
초등수학
팩토

Lv.**2**

기본 **c**

창의사고력 초등수학

명확한 답
친절한 풀이

영재학급, 영재교육원,
경시대회 준비를 위한

창의사고력
초등수학
팩토

명확한 답
친절한 풀이

Lv.2

기본 C

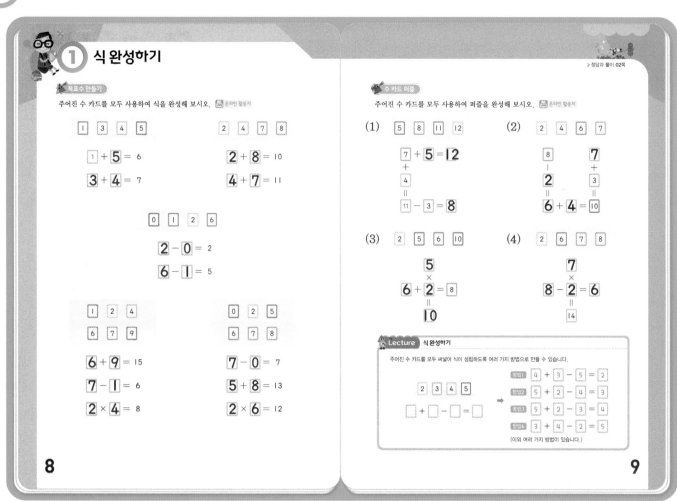

① 식 완성하기

목표수 만들기

주어진 수 카드를 모두 사용하여 식을 완성해 보시오. 온라인 활동지

1 3 4 5 2 4 7 8

$1 + 5 = 6$ $2 + 8 = 10$

$3 + 4 = 7$ $4 + 7 = 11$

0 1 2 6

$2 - 0 = 2$

$6 - 1 = 5$

1 2 4 0 2 5
6 7 9 6 7 8

$6 + 9 = 15$ $7 - 0 = 7$

$7 - 1 = 6$ $5 + 8 = 13$

$2 \times 4 = 8$ $2 \times 6 = 12$

8

수 카드 퍼즐

주어진 수 카드를 모두 사용하여 퍼즐을 완성해 보시오. 온라인 활동지

(1) 5 8 11 12 (2) 2 4 6 7

$7 + 5 = 12$ 8 7
$+$ $-$ $+$
4 2 3
$=$ $=$ $=$
$11 - 3 = 8$ $6 + 4 = 10$

(3) 2 5 6 10 (4) 2 6 7 8

5 7
$\times$ $\times$
$6 + 2 = 8$ $8 - 2 = 6$
$=$ $=$
10 14

Lecture 식 완성하기

주어진 수 카드를 모두 써넣어 식이 성립하도록 여러 가지 방법으로 만들 수 있습니다.

2 3 4 5

$\square + \square - \square = \square$

➡

방법1 $4 + 3 - 5 = 2$
방법2 $5 + 2 - 4 = 3$
방법3 $5 + 2 - 3 = 4$
방법4 $3 + 4 - 2 = 5$

(이외 여러 가지 방법이 있습니다.)

9

목표수 만들기

TIP 더하는 두 수 또는 곱하는 두 수의 순서가 바뀌어도 정답입니다.

수 카드 퍼즐

(3) 합이 8인 두 수는 2와 6이고, 곱이 10인 두 수는 2와 5입니다. 노란색 빈칸에는 두 번 나오는 수 2를 써넣은 후 나머지 5, 6을 알맞게 써넣습니다.

$\square$ 5
$\times$ $\times$
$\square + 2 = 8$ ➡ $6 + 2 = 8$
$=$ $=$
$\square$ 10

(4) 곱이 14인 두 수는 2와 7이므로, 나머지 6과 8로 뺄셈식을 만들 수 있도록 알맞게 써넣습니다.

① 식 완성하기

대표문제

주어진 수 카드를 모두 사용하여 3개의 식을 2가지 방법으로 완성해 보시오.
(단, $1+2=3$, $2+1=3$과 같이 같은 수로 만든 덧셈식은 같은 것으로 봅니다.)
📲 온라인 활동지

| 1 | 2 | 3 | 4 | 6 | 8 |

방법1
$$1 + 4 = 5$$
$$3 + 6 = 9$$
$$2 + 8 = 10$$

방법2
$$2 + 3 = 5$$
$$1 + 8 = 9$$
$$4 + 6 = 10$$

STEP① 주어진 수 카드를 한 번씩만 사용하여 덧셈 결과가 5가 되는 두 가지 경우를 완성해 보시오.

방법1 $1 + 4 = 5$　　**방법2** $2 + 3 = 5$

STEP② STEP①에서 사용하고 남은 수 카드를 사용하여 2개의 식을 각각 완성해 보시오.

방법1
$$3 + 6 = 9$$
$$2 + 8 = 10$$

방법2
$$1 + 8 = 9$$
$$4 + 6 = 10$$

10

▶정답과 풀이 03쪽

01 주어진 수 카드를 모두 사용하여 3개의 식을 완성해 보시오. 📲 온라인 활동지

| 1 | 2 | 6 | 7 | 9 | 10 |

$$9 - 1 = 8$$
$$6 - 2 = 4$$
$$10 - 7 = 3$$

02 주어진 6장의 수 카드 중 3장을 사용하여 계산 결과가 0이 되도록 3가지 방법으로 식을 완성해 보시오. (단, 같은 수로 순서만 다르게 만든 식은 같은 것으로 봅니다.)
📲 온라인 활동지

| 2 | 3 | 6 | 7 | 8 | 9 |

예시답안
방법1 $6 + 2 - 8 = 0$
방법2 $6 + 3 - 9 = 0$
방법3 $7 + 2 - 9 = 0$

11

대표문제

STEP① 더해서 5가 되는 두 수는 1과 4, 2와 3으로 두 가지 경우가 있습니다.

TIP 각 덧셈식에 쓰인 1과 4, 2와 3의 위치를 바꾸어도 정답입니다.

STEP② **TIP** 각 덧셈식에 쓰인 두 수의 위치를 바꾸어도 정답입니다.

01
- 차가 8인 두 수는 10과 2, 9와 1입니다.
- 차가 4인 두 수는 10과 6, 6과 2입니다.
- 차가 3인 두 수는 10과 7, 6과 9입니다.
3개의 식에서 수가 중복되지 않게 식을 완성합니다.

02 $1 + 3 - 4 = 0$과 같이 두 수의 합에서 어느 한 수를 빼어 0이 되어야 합니다.
따라서 가능한 경우는 다음과 같습니다.

$6 + 2 - 8 = 0$ 또는 $2 + 6 - 8 = 0$

$6 + 3 - 9 = 0$ 또는 $3 + 6 - 9 = 0$

$7 + 2 - 9 = 0$ 또는 $2 + 7 - 9 = 0$

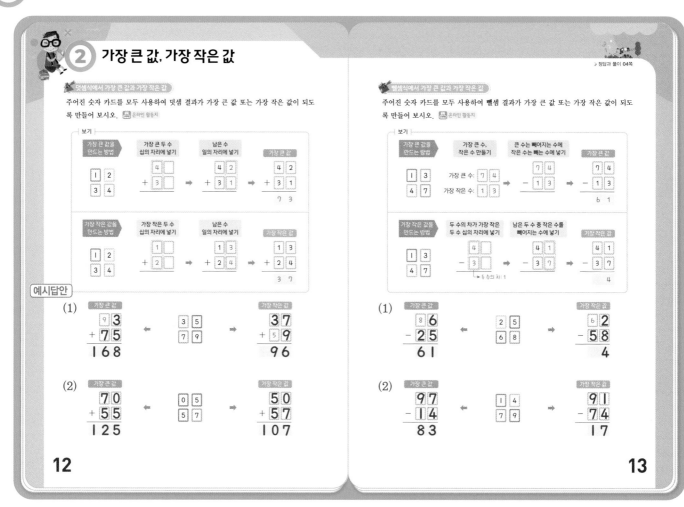

2 가장 큰 값, 가장 작은 값

12

13

덧셈식에서 가장 큰 값과 가장 작은 값

일의 자리에 넣은 두 수의 순서가 바뀌어도 정답입니다.

(1) 가장 큰 값

$$
\begin{array}{r}
9\;3 \\
+\;7\;5 \\
\hline
1\;6\;8
\end{array}
\quad \text{또는} \quad
\begin{array}{r}
9\;5 \\
+\;7\;3 \\
\hline
1\;6\;8
\end{array}
$$

가장 작은 값

$$
\begin{array}{r}
3\;7 \\
+\;5\;9 \\
\hline
9\;6
\end{array}
\quad \text{또는} \quad
\begin{array}{r}
3\;9 \\
+\;5\;7 \\
\hline
9\;6
\end{array}
$$

(2) 가장 큰 값

$$
\begin{array}{r}
7\;0 \\
+\;5\;5 \\
\hline
1\;2\;5
\end{array}
\quad \text{또는} \quad
\begin{array}{r}
7\;5 \\
+\;5\;0 \\
\hline
1\;2\;5
\end{array}
$$

가장 작은 값

$$
\begin{array}{r}
5\;0 \\
+\;5\;7 \\
\hline
1\;0\;7
\end{array}
\quad \text{또는} \quad
\begin{array}{r}
5\;7 \\
+\;5\;0 \\
\hline
1\;0\;7
\end{array}
$$

뺄셈식에서 가장 큰 값과 가장 작은 값

(1) 가장 큰 값

$8 > 6 > 5 > 2$이므로 가장 큰 수는 86, 가장 작은 수는 25입니다. ➡ $86 - 25 = 61$

가장 작은 값

$6 - 5 = 1$일 때 두 수의 차가 가장 작으므로 십의 자리에 6과 5를 넣고, 남은 두 수 중 작은 수 2를 빼어지는 수에 넣습니다. ➡ $62 - 58 = 4$

(2) 가장 큰 값

$9 > 7 > 4 > 1$이므로 가장 큰 수는 97, 가장 작은 수는 14입니다. ➡ $97 - 14 = 83$

가장 작은 값

$9 - 7 = 2$일 때 두 수의 차가 가장 작으므로 십의 자리에 9와 7을 넣고, 남은 두 수 중 작은 수 1을 빼어지는 수에 넣습니다. ➡ $91 - 74 = 17$

② 가장 큰 값, 가장 작은 값

▷ 정답과 풀이 05쪽

대표문제

주어진 숫자 카드를 모두 사용하여 다음 뺄셈식을 만들 때, 차가 가장 클 때와 가장 작을 때의 값을 각각 구하시오. 📱 온라인 활동지

$$\boxed{0}\ \boxed{3}\ \boxed{6}\ \boxed{8} \Rightarrow \begin{array}{r} 8\ 0 \\ -\ 6\ 3 \\ \hline 1\ 7 \end{array}$$

STEP ① 차가 가장 클 값을 구하려고 합니다. 0, 3, 6, 8로 만들 수 있는 가장 큰 두 자리 수와 가장 작은 두 자리 수를 써 보시오.

· 가장 큰 두 자리 수: **8 6**　　· 가장 작은 두 자리 수: **3 0**

STEP ② STEP①에서 구한 수를 이용하여 차가 가장 클 때의 값을 구하시오.

$$\begin{array}{r} 8\ 6 \\ -\ 3\ 0 \\ \hline 5\ 6 \end{array}$$

STEP ③ 차가 가장 작은 값을 구하려고 합니다. 0, 3, 6, 8 중 두 수의 차가 가장 작은 두 수를 십의 자리에 써넣으시오.

$$\begin{array}{r} 8 \\ -\ 6 \\ \hline \end{array}$$

STEP ④ STEP③의 식의 계산 결과가 가장 작아지도록 일의 자리에 알맞은 수를 써넣으시오.

$$\begin{array}{r} 8\ 0 \\ -\ 6\ 3 \end{array}$$

STEP ⑤ STEP③의 식을 계산하여 차가 가장 작을 때의 값을 구하시오.

$$\begin{array}{r} 8\ 0 \\ -\ 6\ 3 \\ \hline 1\ 7 \end{array}$$

14

---

01 주어진 숫자 카드를 모두 사용하여 다음 덧셈식을 만들 때, 합이 가장 클 때와 가장 작을 때의 값을 각각 구하시오. 📱 온라인 활동지

$$\boxed{0}\ \boxed{2}\ \boxed{6}\ \boxed{7}\ \boxed{8}$$

예시답안

가장 큰 값
$$\begin{array}{r} 8\ 7\ 2 \\ +\quad 6\ 0 \\ \hline 9\ 3\ 2 \end{array}$$

가장 작은 값
$$\begin{array}{r} 2\ 0\ 7 \\ +\quad 6\ 8 \\ \hline 2\ 7\ 5 \end{array}$$

02 주어진 5장의 숫자 카드 중 4장을 사용하여 다음 뺄셈식을 만들 때, 차가 가장 클 때와 가장 작을 때의 값을 각각 구하시오. 📱 온라인 활동지

$$\boxed{1}\ \boxed{3}\ \boxed{6}\ \boxed{8}\ \boxed{9}$$

가장 큰 값
$$\begin{array}{r} 9\ 8 \\ -\ 1\ 3 \\ \hline 8\ 5 \end{array}$$

가장 작은 값
$$\begin{array}{r} 9\ 1 \\ -\ 8\ 6 \\ \hline 5 \end{array}$$

15

대표문제

STEP ① 십의 자리에 0이 올 수 없으므로 만들 수 있는 가장 작은 두 자리 수는 30입니다.

STEP ② 차가 가장 큰 경우는 (가장 큰 수)−(가장 작은 수)일 때입니다.
따라서 86−30=56입니다.

STEP ③ 차가 가장 작으려면 십의 자리에 놓는 두 수의 차가 가장 작아야 하므로 8−6=2인 8과 6을 써넣습니다.

STEP ④ 남은 수 중 작은 수를 빼어지는 수의 일의 자리에, 큰 수를 빼는 수의 일의 자리에 써넣습니다.

STEP ⑤ 차가 가장 작을 때의 식을 계산하면 80−63=17입니다.

01 가장 큰 값

가장 큰 값을 만들 때에는 주어진 수 중 큰 수를 높은 자리에 놓아야 하므로 가장 큰 수인 8을 백의 자리에 넣습니다. 그 다음 큰 수 7과 6을 십의 자리에 넣고, 남은 두 수 2와 0을 일의 자리에 넣습니다.

예시답안
$$\begin{array}{r} 8\ 7\ 2 \\ +\quad 6\ 0 \\ \hline 9\ 3\ 2 \end{array}\ \text{또는}\ \begin{array}{r} 8\ 6\ 2 \\ +\quad 7\ 0 \\ \hline 9\ 3\ 2 \end{array}\ \text{또는}$$

$$\begin{array}{r} 8\ 7\ 0 \\ +\quad 6\ 2 \\ \hline 9\ 3\ 2 \end{array}\ \text{또는}\ \begin{array}{r} 8\ 6\ 0 \\ +\quad 7\ 2 \\ \hline 9\ 3\ 2 \end{array}$$

가장 작은 값

가장 작은 값을 만들 때에는 주어진 수 중 작은 수를 백의 자리에 놓아야 합니다. 0은 백의 자리에 올 수 없으므로 둘째로 작은 수인 2를 백의 자리에 넣습니다. 0과 6을 십의 자리에 넣고, 남은 두 수 7과 8을 일의 자리에 넣습니다.

$$\begin{array}{r} 2\ 0\ 7 \\ +\quad 6\ 8 \\ \hline 2\ 7\ 5 \end{array}\ \text{또는}\ \begin{array}{r} 2\ 0\ 8 \\ +\quad 6\ 7 \\ \hline 2\ 7\ 5 \end{array}$$

02 가장 큰 값

만들 수 있는 가장 큰 수는 98, 가장 작은 수는 13입니다.
➡ 98−13=85

가장 작은 값

9−8=1일 때 두 수의 차가 가장 작으므로 십의 자리에 9와 8을 넣고, 남은 수 중에서 가장 작은 수인 1을 빼어지는 수에, 가장 큰 수인 6을 빼는 수에 넣습니다. ➡ 91−86=5

③ 벌레 먹은 셈

> 정답과 풀이 06쪽

벌레 먹은 덧셈

안에 알맞은 숫자를 써넣어 식을 완성해 보시오.

보기

$$
\begin{array}{r}
2\ 8 \\
+\ 3\ 8 \\
\hline
6 \quad 8+\boxed{8}=16
\end{array}
\Rightarrow
\begin{array}{r}
2\ 8 \\
+\ 3\ 8 \\
\hline
6\ 6 \\
1+2+3=\boxed{6}
\end{array}
$$

(1)
$$
\begin{array}{r}
^3 6 \\
+\ 5\ ^7 \\
\hline
9\ 3
\end{array}
$$

(2)
$$
\begin{array}{r}
1\ ^4 \\
+\ 3\ 8 \\
\hline
5\ 2
\end{array}
$$

(3)
$$
\begin{array}{r}
5\ 8 \\
+\ 5\ 3 \\
\hline
1\ 1\ 1
\end{array}
$$

(4)
$$
\begin{array}{r}
3\ ^6 \\
+\ 7\ 6 \\
\hline
1\ 1\ 2
\end{array}
$$

벌레 먹은 뺄셈

안에 알맞은 숫자를 써넣어 식을 완성해 보시오.

보기

$$
\begin{array}{r}
^{10}\!\!4 \\
-\ 3\ 6 \\
\hline
1\ 8 \quad 14-\boxed{6}=8
\end{array}
\Rightarrow
\begin{array}{r}
5\ ^{10}\!\!4 \\
-\ 3\ 6 \\
\hline
1\ 8 \\
\boxed{5}-1-3=1
\end{array}
$$

(1)
$$
\begin{array}{r}
9\ ^7 \\
-\ 6\ 5 \\
\hline
3\ 2
\end{array}
$$

(2)
$$
\begin{array}{r}
8\ 1 \\
-\ 5\ 9 \\
\hline
2\ 2
\end{array}
$$

(3)
$$
\begin{array}{r}
2\ 6\ 1 \\
-\ 1\ 4 \\
\hline
2\ 4\ 7
\end{array}
$$

(4)
$$
\begin{array}{r}
2\ 5\ 0 \\
-\ 5\ 6 \\
\hline
1\ 9\ 4
\end{array}
$$

16 **17**

벌레 먹은 덧셈

(1)
$$
\begin{array}{r}
1 \\
3\ 6 \\
+\quad\ 7 \\
\hline
9\ 3
\end{array}
\Rightarrow
\begin{array}{r}
1 \\
3\ 6 \\
+\ 5\ 7 \\
\hline
9\ 3
\end{array}
$$

(2)
$$
\begin{array}{r}
1 \\
4 \\
+\ 3\ 8 \\
\hline
5\ 2
\end{array}
\Rightarrow
\begin{array}{r}
1 \\
1\ 4 \\
+\ 3\ 8 \\
\hline
5\ 2
\end{array}
$$

(3)
$$
\begin{array}{r}
1 \\
5\ 8 \\
+\ 5\ 3 \\
\hline
\quad\ 1
\end{array}
\Rightarrow
\begin{array}{r}
1 \\
5\ 8 \\
+\ 5\ 3 \\
\hline
1\ 1\ 1
\end{array}
$$

(4)
$$
\begin{array}{r}
1 \\
6 \\
+\ 7\ 6 \\
\hline
1\ 2
\end{array}
\Rightarrow
\begin{array}{r}
1 \\
3\ 6 \\
+\ 7\ 6 \\
\hline
1\ 1\ 2
\end{array}
$$

벌레 먹은 뺄셈

(1)
$$
\begin{array}{r}
\boxed{\ }\ 7 \\
-\ 6\ 5 \\
\hline
3\ \boxed{2}
\end{array}
\Rightarrow
\begin{array}{r}
\boxed{9}\ 7 \\
-\ 6\ 5 \\
\hline
3\ \boxed{2}
\end{array}
$$

(2)
$$
\begin{array}{r}
7 \\
\cancel{8}\ \boxed{1} \\
-\ \boxed{\ }\ 9 \\
\hline
2\ 2
\end{array}
\Rightarrow
\begin{array}{r}
7 \\
\cancel{8}\ \boxed{1} \\
-\ \boxed{5}\ 9 \\
\hline
2\ 2
\end{array}
$$

(3)
$$
\begin{array}{r}
5\ 10 \\
\boxed{\ }\ \cancel{6}\ 1 \\
-\quad\ 1\ 4 \\
\hline
2\ 4\ 7
\end{array}
\Rightarrow
\begin{array}{r}
5\ 10 \\
\boxed{2}\ \cancel{6}\ 1 \\
-\quad\ 1\ 4 \\
\hline
2\ 4\ 7
\end{array}
$$

(4)
$$
\begin{array}{r}
4\ 10 \\
2\ \cancel{5}\ \boxed{0} \\
-\quad\ \boxed{\ }\ 6 \\
\hline
1\ 9\ 4
\end{array}
\Rightarrow
\begin{array}{r}
1\ 4\ 10 \\
\cancel{2}\ \cancel{5}\ \boxed{0} \\
-\quad\ \boxed{5}\ 6 \\
\hline
1\ 9\ 4
\end{array}
$$

③ 벌레 먹은 셈

> 정답과 풀이 07쪽

대표문제

다음과 같이 덧셈식의 숫자를 서로 다른 색깔의 색종이로 덮어 놓았습니다. 색종이에 가려진 숫자의 합을 구하시오. **23**

$$+\quad$$
$$\overline{1\ 4\ 9}$$

STEP ① (한 자리 수)+(한 자리 수)의 합이 가장 큰 경우는 $9+9=18$입니다.
주어진 덧셈식에서 일의 자리 ▨와 ▨의 합은 19가 될 수 있습니까? 될 수 없다면 합은 얼마입니까? **9**

STEP ② 일의 자리 덧셈에서 받아올림이 없으므로 십의 자리 ▨와 ▨의 합은 얼마입니까? **14**

STEP ③ 색종이에 가려진 숫자의 합(▨+▨+▨+▨)을 구하시오. **23**

18

---

01 안에 알맞은 숫자를 써넣어 식을 완성해 보시오.

(1)    (2)

02 다음은 0부터 9까지의 숫자 중 서로 다른 숫자로 이루어진 덧셈식입니다. 안에 알맞은 숫자를 써넣어 덧셈식을 완성해 보시오.

예시답안
$$\begin{array}{r} 3\ 7 \\ +\ 6\ 8 \\ \hline 1\ 0\ 5 \end{array}$$

19

대표문제

STEP ① 일의 자리의 두 수의 합은 19가 될 수 없으므로 ▨와 ▨의 합은 9입니다.

STEP ② 일의 자리에서 받아올림이 없으므로 십의 자리의 수 ▨와 ▨의 합은 14입니다.

STEP ③ ▨와 ▨의 합은 9이고 ▨와 ▨의 합은 14이므로 색종이에 가려진 수의 합(▨+▨+▨+▨)은 $14+9=23$입니다.

01 (1)
$$\begin{array}{r} 1 \\ 7 \\ +\ 1\ 0\ 6 \\ \hline 0\ 3 \end{array} \Rightarrow \begin{array}{r} 1 \\ 1\ 9\ 7 \\ +\ 1\ 0\ 6 \\ \hline 0\ 3 \end{array} \Rightarrow \begin{array}{r} 1 \\ 1\ 9\ 7 \\ +\ 1\ 0\ 6 \\ \hline 2\ 0\ 3 \end{array}$$

(2)
$$\begin{array}{r} 10 \\ 1\ \diagup\ 0 \\ -\quad 8\ 6 \\ \hline 1\quad 4 \end{array} \Rightarrow \begin{array}{r} 8\ 10 \\ 1\ 9\ 0 \\ -\quad 8\ 6 \\ \hline 1\ 0\ 4 \end{array}$$

02
$$\begin{array}{r} 1 \\ 7 \\ +\quad 8 \\ \hline 1\ 0\ 5 \end{array} \Rightarrow \begin{array}{r} 1 \\ 3\ 7 \\ +\ 6\ 8 \\ \hline 1\ 0\ 5 \end{array}$$ 또는 $$\begin{array}{r} 1 \\ 6\ 7 \\ +\ 3\ 8 \\ \hline 1\ 0\ 5 \end{array}$$

Creative 팩토⁺

> 정답과 풀이 08쪽

01 계산기로 다음과 같이 계산할 때 ⊞ 버튼을 한 번 누르지 않아 계산 결과가 70이 나왔습니다. 누르지 않은 ⊞ 버튼에 ○표 하시오.

I ⊞ 3 ⊞ 5 ⊕ 7 ⊞ 9

Key Point
7과 9 사이의 ＋를 누르지 않으면 79가 되므로 합이 70보다 커집니다.

02 I부터 9까지의 수 중 7개의 수를 사용하여 덧셈식을 만들려고 합니다. ㉮는 ㉰보다 크다고 할 때, ㉮, ㉯, ㉰에 알맞은 수를 각각 구하시오. (단, I, 2, 7, 8은 이미 사용하였습니다.) ㉮＝6, ㉯＝9, ㉰＝5

```
   ㉮ ㉯
 + ㉰ 8
 ─────
 1 2 7
```

Key Point
㉯＋8＝17

03 안에는 ＋, －를, 안에는 알맞은 숫자를 써넣어 식을 완성해 보시오.

87 ＋ 7**7**＝I6 4

Key Point
```
  8 7
    7
─────
1   4
```

04 주어진 수 카드와 연산 기호 카드로 (세 자리 수)＋(세 자리 수)－(세 자리 수)의 식을 만든 것입니다. 이 중에서 수 카드 3장을 빼고 남은 카드의 순서는 그대로 하여 (두 자리 수)＋(두 자리 수)－(두 자리 수)의 식으로 바꿀 때, 나올 수 있는 계산 결과 중 가장 큰 수는 얼마인지 구하시오. I30

3 9 7 ＋ 4 2 8 － I 6 5

20

21

---

01 7과 9 사이의 ⊞를 지우면 합이 70보다 커지므로 나머지 연산 기호에서 찾아봅니다.
- I과 3 사이의 ⊞를 누르지 않은 경우:
  I3＋5＋7＋9＝34 (×)
- 3과 5 사이의 ⊞를 누르지 않은 경우:
  I＋35＋7＋9＝52 (×)
- 5와 7 사이의 ⊞를 누르지 않은 경우:
  I＋3＋57＋9＝70 (○)

02
```
  ㉮ ㉯        I            I
+ ㉰ 8          9          6 9
─────  ➡   + □ 8  ➡   + 5 8
1 2 7        1 2 7        1 2 7
```
TIP ㉮는 ㉰보다 큰 수임을 주의합니다.

03 계산 결과가 세 자리 수이므로 (두 자리 수)＋(두 자리 수)의 계산입니다.
```
   8 7         I 8 7         I 8 7
 + 7 □    ➡   + 7 7    ➡   + 7 7
 ─────        ─────         ─────
 1 □ 4        1 □ 4         1 6 4
```

04 세 자리 수에서 수 카드를 하나씩 빼내어 두 자리 수끼리의 계산식으로 바꿀 때, 가장 큰 수가 나오기 위해서는 더하는 수는 크게, 빼는 수는 작게 만들면 됩니다.

3̶ 9 7 ＋ 4 2̶ 8 － I 6̶ 5

따라서 계산 결과는 97＋48－15＝I30입니다.

4 복면산

> 정답과 풀이 09쪽

덧셈 복면산

다음 식에서 각각의 모양이 나타내는 숫자를 구하시오. (단, 각각의 식에서 같은 모양은 같은 숫자를, 다른 모양은 다른 숫자를 나타냅니다.)

보기

$$2 \; \bullet$$
$$+ \; \bullet \; 9$$
$$\overline{\quad \blacktriangle \; 4 \quad}$$

→ 대입 →

$$\begin{matrix} & 1 & \\ 2 & 5 \\ + & 5 & 9 \\ \hline & \blacktriangle & 4 \end{matrix}$$

$\bullet = 5$
$\blacktriangle = 8$

$\bullet + 9 = 14$
$\Rightarrow \bullet = 5$

$1 + 2 + 5 = \blacktriangle$
$\Rightarrow \blacktriangle = 8$

(1)
$$2 \; \blacklozenge$$
$$+ \; \blacklozenge \; 7$$
$$\overline{8 \; 2}$$

$\blacklozenge = 5$

(2)
$$\bullet \; 8$$
$$+ \; 2 \; \bullet$$
$$\overline{\blacktriangle \; 4}$$

$\bullet = 6$, $\blacktriangle = 9$

(3)
$$4 \; \blacktriangle \; 9$$
$$+ \; 1 \; \bigstar \; \blacktriangle$$
$$\overline{\bigstar \; 1 \; 3}$$

$\blacktriangle = 4$, $\bigstar = 6$

(4)
$$2 \; \bullet \; \blacklozenge$$
$$+ \; \bullet \; 3 \; \blacklozenge$$
$$\overline{5 \; 7 \; 6}$$

$\bullet = 3$, $\blacklozenge = 8$

뺄셈 복면산

다음 식에서 각각의 동물이 나타내는 숫자를 구하시오. (단, 같은 동물은 같은 숫자를, 다른 동물은 다른 숫자를 나타냅니다.)

보기

$$\begin{matrix} & 10 & \\ \cancel{9} & 1 \\ - & \text{🐱} & \\ \hline & 6 \end{matrix}$$

→ 대입 →

$$\begin{matrix} & 10 & \\ \cancel{9} & 1 \\ - & 5 & \\ \hline & 5 & 6 \end{matrix}$$

🐱 = 5
🐱 = 3

$11 - \text{🐱} = 6$
$\Rightarrow \text{🐱} = 5$

$9 - 1 - \text{🐱} = 5$
$\Rightarrow \text{🐱} = 3$

(1)
$$6 \; 4$$
$$- \; \text{🐱} \; 2$$
$$\overline{4 \; \text{🐱}}$$

🐱 = 2

(2)
$$4 \; 1$$
$$- \; \text{🐑} \; 7$$
$$\overline{\text{🐑} \; 6}$$

🐑 = 3

(3)
$$\text{🐱} \; 5 \; 0$$
$$- \; 3 \; \text{🐱} \; \text{A}$$
$$\overline{4 \; 6 \; \text{A}}$$

🐱 = 8, A = 5

Lecture 복면산

· 계산식에서 숫자 대신 문자나 모양으로 나타낸 식을 복면산이라고 합니다.
· 복면산에서 같은 모양은 같은 숫자를, 다른 모양은 다른 숫자를 나타냅니다.

예

$$\begin{matrix} 6 & 8 & \text{🐱} \\ - & \text{🐱} & 3 & 4 \\ \hline & \text{🐱} & \text{🐱} & 8 \end{matrix}$$

→

$$\begin{matrix} 6 & 8 & 2 \\ - & 4 & 3 & 4 \\ \hline & 2 & 4 & 8 \end{matrix}$$

22   23

덧셈 복면산

(1) ◈ + 7 = 12 ➡ ◈ = 5

(2) 8 + ● = 14 ➡ ● = 6
   1 + ● + 2 = ▲
   1 + 6 + 2 = ▲ ➡ ▲ = 9

(3) 9 + ▲ = 13 ➡ ▲ = 4
   1 + ▲ + ★ = 11
   1 + 4 + ★ = 11 ➡ ★ = 6

(4) · 일의 자리 계산에서 받아올림이 없는 경우
     ◈ + ◈ = 6 ➡ ◈ = 3
     ● + 3 = 7 ➡ ● = 4
     243 + 433 = 676 (×)
   · 일의 자리 계산에서 받아올림이 있는 경우
     ◈ + ◈ = 16 ➡ ◈ = 8
     1 + ● + 3 = 7 ➡ ● = 3
     238 + 338 = 576 (○)

뺄셈 복면산

(1) 4 − 2 = 2 ➡ 🐱 = 2

(2) 10 + 🐑 − 7 = 6 ➡ 🐑 = 3

(3) · 일의 자리 계산에서 받아내림이 없는 경우
     0 − A = 0 ➡ A = 0
     10 + 5 − 🐱 = 6 ➡ 🐱 − 9
     950 − 390 = 560 (×)
   · 일의 자리 계산에서 받아내림이 있는 경우
     10 − A = A ➡ A = 5
     10 + 5 − 1 − 🐱 = 6 ➡ 🐱 = 8
     850 − 385 = 465 (○)
   따라서 🐱 = 8, A = 5입니다.

④ 복면산

대표문제

다음 식에서 ◆, ▲이 나타내는 숫자를 각각 구하시오. (단, 같은 모양은 같은 숫자를, 다른 모양은 다른 숫자를 나타내고, ◆, ▲은 0이 아닌 숫자입니다.)

◆=6
▲=9

$$\begin{array}{r} ◆\,◆\,5 \\ -\ 2\,▲\,▲ \\ \hline 3\,◆\,◆ \end{array}$$

STEP ① 백의 자리에서 십의 자리로 받아내림이 없는 경우라고 가정할 때, ◆을 구한 후 ▲의 값을 구하시오. 이때 조건을 만족합니까?

$$\begin{array}{r} ◆\,◆\,5 \\ -\ 2\,▲\,▲ \\ \hline 3\,◆\,◆ \end{array} \Rightarrow \begin{array}{r} ◇\,◇\,5 \\ -\ 2\,▲\,▲ \\ \hline 3\,◇\,◇ \end{array} \Rightarrow$$

◆= 5   ▲ = 0

◆과 ▲은 0이 아닌 다른 숫자라는 조건을 (만족합니다 , (만족하지 않습니다)).

STEP ② 백의 자리에서 십의 자리로 받아내림이 있는 경우라고 가정할 때, ◆을 구한 후 ▲의 값을 구하시오. 이때 조건을 만족합니까?

$$\begin{array}{r} \overset{10}{◆}\,◆\,5 \\ -\ 2\,▲\,▲ \\ \hline 3\,◆\,◆ \end{array} \Rightarrow \begin{array}{r} ◇\,◇\,5 \\ -\ 2\,▲\,▲ \\ \hline 3\,◇\,◇ \end{array} \Rightarrow$$

◆ = 6   ▲ 9

◆과 ▲은 0이 아닌 다른 숫자라는 조건을 ((만족합니다), 만족하지 않습니다).

24

▶정답과 풀이 10쪽

01 다음 식에서 ■, ●, ★이 나타내는 숫자를 각각 구하시오. (단, 같은 모양은 같은 숫자를, 다른 모양은 다른 숫자를 나타냅니다.) ■=9, ●=4, ★=8

$$\begin{array}{r} 2\,■\,4 \\ +\ 5\,9\,● \\ \hline ★\,★\,★ \end{array}$$

02 주어진 두 자리 수 ㉮와 ㉯의 차는 14입니다. ■이 나타내는 숫자를 구하시오. (단, ■ 모양은 서로 같은 숫자를 나타냅니다.) 2

㉮ ■ 8   ㉯ 4 ■

25

대표문제

STEP ① ◆−2=3 ➡ ◆=5

$$\begin{array}{r} ◇\,◇\,5 \\ -\ 2\,▲\,▲ \\ \hline 3\,◇\,◇ \end{array}$$ 5−▲=5 ➡ ▲=0

▲=0이므로 조건을 만족하지 않습니다.

STEP ② ◆−1−2=3 ➡ ◆=6

$$\begin{array}{r} ◇\,◇\,5 \\ -\ 2\,▲\,▲ \\ \hline 3\,◇\,◇ \end{array}$$ 10+5−▲=6 ➡ ▲=9

◆=6, ▲=9이므로 조건을 만족합니다.

01 백의 자리 계산에서 ★이 될 수 있는 값을 찾아보면 ★=7 또는 ★=8입니다.

① ★=7일 때

$$\begin{array}{r} 2\,■\,4 \\ +\ 5\,9\,● \\ \hline 7\,7\,7 \end{array}$$

●=3, ■=8라고 하면,
십의 자리 계산에서 8+9=17이고,
백의 자리 계산에서 1+2+5=8이므로 식이 맞지 않습니다.
따라서 ★은 7이 아닙니다.

② ★=8일 때

$$\begin{array}{r} 2\,■\,4 \\ +\ 5\,9\,● \\ \hline 8\,8\,8 \end{array}$$

●=4, ■=9라고 하면
십의 자리 계산에서 9+9=18이고,
백의 자리 계산에서 1+2+5=8이므로 식이 맞습니다.
따라서 ★은 8입니다.

02 • ㉮−㉯일 경우

$$\begin{array}{r} ■\,8 \\ -\ 4\,■ \\ \hline 1\,4 \end{array} \Rightarrow \begin{array}{r} 4\,8 \\ -\ 4\,4 \\ \hline \cancel{\times}\,4 \end{array}$$

위의 뺄셈식을 만족하는 ■는 없습니다.

• ㉯−㉮일 경우

$$\begin{array}{r} 4\,■ \\ -\ ■\,8 \\ \hline 1\,4 \end{array} \Rightarrow \begin{array}{r} 4\,2 \\ -\ 2\,8 \\ \hline 1\,4 \end{array}$$

위의 뺄셈식을 만족하는 ■=2입니다.

⑤ 도형이 나타내는 수

수를 넣어 구하기

주어진 식에서 ★이 나타내는 수가 다음과 같을 때, ♥이 나타내는 수를 구하시오.
(단, 같은 모양은 같은 수를, 다른 모양은 다른 수를 나타냅니다.)

(1) ★=2, ♥=16

(2) ★=6, ♥=13

(3) ★=4, ♥=12

(4) ★=8, ♥=22

▶정답과 풀이 11쪽

도형의 관계 이용하여 구하기

오른쪽과 아래쪽에 있는 수는 각 줄의 모양이 나타내는 수들의 합입니다. 각각의 도형이 나타내는 수를 구하시오. (단, 같은 모양은 같은 수를, 다른 모양은 다른 수를 나타냅니다.)

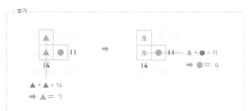

(1) ◆=5, ♥=3

(2) ♥=4, ★=7

(3) ★=8, ◆=3, ▲=7

(4) ♥=6, ●=4, ⬠=8

26   27

수를 넣어 구하기

(1) ★=2 대입

$2 \times 2 = 4$
$4 + 4 = 8$
$8 + 8 = 16 \Rightarrow$ ♥=16

(2) ★=6 대입

$6 \times 2 = 12$
$12 - 5 = 7$
$6 + 7 = 13 \Rightarrow$ ♥=13

(3) ★=4 대입

$4 + 1 = 5$
$5 - 2 = 3$
$4 + 5 + 3 = 12 \Rightarrow$ ♥=12

(4) ★=8 대입

$8 - 3 = 5$
$5 \times 5 = 25$
$25 - 8 + 5 = 22 \Rightarrow$ ♥=22

도형의 관계 이용하여 구하기

(1)
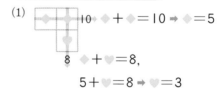
◆+♥=8,
$5 + $♥$= 8 \Rightarrow$ ♥=3

(2)
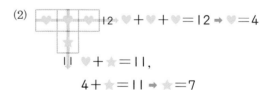
♥+★=11,
$4 + $★$= 11 \Rightarrow$ ★=7

(3)
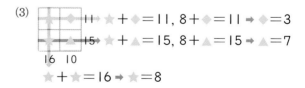
★+★=16 ⇒ ★=8

(4)
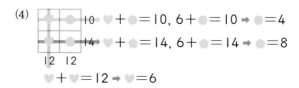
♥+♥=12 ⇒ ♥=6

⑤ 도형이 나타내는 수

> 정답과 풀이 12쪽

대표문제

오른쪽과 아래쪽에 있는 수는 각 줄의 모양이 나타내는 수들의 합입니다. 빈칸에 알맞은 수를 써넣으시오. (단, 같은 모양은 같은 수를, 다른 모양은 다른 수를 나타냅니다.)

●	●	●	●	8
●	▲	●	▲	10
★	■	▲	●	10
▲	■	■	■	6
11	7	8	8	

STEP ① 가로의 첫째 줄에서 ●＋●＋●＋●＝8입니다. ●이 나타내는 수는 얼마입니까? **2**

STEP ② 가로의 둘째 줄에서 ●＋▲＋●＋▲＝10입니다. ▲이 나타내는 수는 얼마입니까? **3**

STEP ③ 가로의 넷째 줄에서 ▲＋■＋■＋■＝6입니다. ■이 나타내는 수는 얼마입니까? **1**

STEP ④ 가로의 셋째 줄에서 ★＋■＋▲＋●＝10입니다. STEP①~STEP③에서 구한 수를 이용하여 ★이 나타내는 수를 구하시오. **4**

STEP ⑤ STEP①~STEP④에서 구한 수를 이용하여 주어진 문제의 세로의 같은 줄에 있는 수의 합을 구해 빈칸에 알맞은 수를 써넣으시오

●	●	●	●	8
●	▲	●	▲	10
★	■	▲	●	10
▲	■	■	■	6
11	7	8	8	

28

01 오른쪽과 아래쪽에 있는 수는 각 줄의 모양이 나타내는 수들의 합입니다. 빈칸에 알맞은 수를 써넣으시오. (단, 같은 모양은 같은 수를, 다른 모양은 다른 수를 나타냅니다.)

★	★	★	9
♥	■	■	6
♥	■	■	5
5	7	8	

02 다음 식에서 ■과 ◎이 나타내는 수를 구하시오. (단, 같은 모양은 같은 수를, 다른 모양은 다른 수를 나타냅니다.) **■＝2, ◎＝9**

$$■ × ◎ ＝ 18$$
$$◎ － ■ ＝ 7$$

29

대표문제

STEP ① ●＋●＋●＋●＝8 ➡ ●＝2

STEP ② ●＝2이므로
●＋▲＋●＋▲＝10,
2＋▲＋2＋▲＝10 ➡ ▲＝3

STEP ③ ▲＝3이므로
▲＋■＋■＋■＝6,
3＋■＋■＋■＝6 ➡ ■＝1

STEP ④ ●＝2, ■＝1, ▲＝3이므로
★＋■＋▲＋●＝10,
★＋1＋3＋2＝10 ➡ ★＝4

STEP ⑤ ●＝2, ■＝1, ▲＝3, ★＝4를 이용하여 빈칸에 알맞은 수를 구합니다.

01 ・★＋★＋★＝9 ➡ ★＝3
・★＋♥＋♥＝5
3＋♥＋♥＝5 ➡ ♥＝1
・♥＋■＋★＝6
1＋■＋3＝6 ➡ ■＝2
・★＝3, ♥＝1, ■＝2를 이용하여 빈칸에 알맞은 수를 구합니다.

02 곱해서 18이 되는 두 수는 (1, 18), (2, 9), (3, 6)이고 이 중에서 두 수의 차가 7인 두 수는 9와 2입니다.
따라서 ■＝2, ◎＝9입니다.

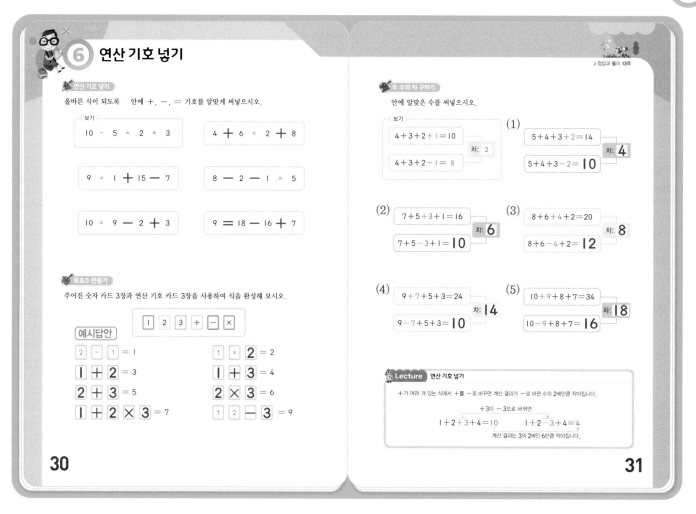

목표수 만들기

$3-2=1$ $3-1=2$ $1×3=3$ $3×2+1=7$

이외에도 여러 가지 방법이 있습니다.

TIP 각 덧셈식 또는 뺄셈식에 쓰인 수의 위치를 바꾸어도 정답입니다.

두 수의 차 구하기

(1) $+2$가 -2로 바뀌면 계산 결과는 4만큼 작아집니다.
식의 결과 값은 $14-4=10$입니다.

(2) $+3$이 -3으로 바뀌면 계산 결과는 6만큼 작아집니다.
식의 결과 값은 $16-6=10$입니다.

(3) $+4$가 -4로 바뀌면 계산 결과는 8만큼 작아집니다.
식의 결과 값은 $20-8=12$입니다.

(4) $+7$이 -7로 바뀌면 계산 결과는 14만큼 작아집니다.
식의 결과 값은 $24-14=10$입니다.

(5) $+9$가 -9로 바뀌면 계산 결과는 18만큼 작아집니다.
식의 결과 값은 $34-18=16$입니다.

⑥ 연산 기호 넣기

▶정답과 풀이 14쪽

대표문제

☐ 안에 연산 기호 ＋, － 를 써넣어 식을 완성해 보시오.

$$5＋4＋3＋2＋1＝15$$
$$5＋4＋3＋2－1＝13$$
$$5＋4＋3－2＋1＝11$$
$$5＋4－3＋2＋1＝9$$

STEP ① 1부터 5까지의 합은 15입니다. 다음 식을 완성해 보시오.

$$5＋4＋3＋2＋1＝15$$

STEP ② 15보다 2만큼 작은 13이 되게 하려면 STEP① 에서 구한 식에 얼마를 더하거나 빼야 할지 생각하여 식을 완성해 보시오.

$$5＋4＋3＋2－1＝13$$

STEP ③ 15보다 4만큼 작은 11이 되게 하려면 STEP① 에서 구한 식에 얼마를 더하거나 빼야 할지 생각하여 식을 완성해 보시오.

$$5＋4＋3－2＋1＝11$$

STEP ④ 15보다 6만큼 작은 9가 되도록 식을 완성해 보시오.

$$5＋4－3＋2＋1＝9$$

32

---

01 ☐ 안에 연산 기호 ＋, － 를 써넣어 식을 완성해 보시오.

예시답안 (1)
$$1＋2－3＋2＋1＝3$$

예시답안 (2)
$$9＋7－5＋3＋1＝15$$

02 ☐ 안에 연산 기호 ＋, － 를 써넣어 2가지 방법으로 식을 완성해 보시오.

방법1 $7＋3＋4＝12＋4－2$

방법2 $7＋3－4＝12－4－2$

33

대표문제

STEP ② 계산 결과가 13이 되려면 15보다 2만큼 더 작아져야 하므로 ＋1을 －1로 바꾸어야 합니다.

STEP ③ 계산 결과가 11이 되려면 15보다 4만큼 더 작아져야 하므로 ＋2를 －2로 바꾸어야 합니다.

STEP ④ 계산 결과가 9가 되려면 15보다 6만큼 더 작아져야 하므로 ＋3을 －3로 바꾸어야 합니다.

01 (1) $1＋2＋3＋2＋1＝9$이므로 계산 결과가 3이 되려면 6만큼 작아져야 합니다.
· ＋3을 －3으로 바꾸면 $1＋2－3＋2＋1＝3$입니다.
· ＋2와 ＋1을 －2와 －1로 바꾸면 $1＋2＋3－2－1＝3$입니다.

(2) $9＋7＋5＋3＋1＝25$이므로 계산 결과가 15가 되려면 10만큼 작아져야 합니다.
· ＋5를 －5로 바꾸면 $9＋7－5＋3＋1＝15$입니다.

02 $7＋3＋4＝14$이므로 12에 4를 더한 후 2를 빼면 14가 됩니다.
또, $12－4－2＝6$이므로 7에 3을 더한 후 4를 빼면 6이 됩니다.

Creative 팩토

▷정답과 풀이 15쪽

01 엄마가 남긴 다음 메모를 보고 현우가 먹을 쿠키의 개수를 구하시오. **14개**

현우야!
쿠키 32개를 혼자서
모두 먹지 말고,
누나한테 1❤개 주고
너는 나머지인 🌸4개를
먹으렴.
- 엄마가 -

02 주어진 5장의 카드를 사용하여 식을 만들었을 때, 나올 수 없는 계산 결과를 찾아
○표 하시오. (단, ３❸과 같이 수 카드를 붙여 31을 만들 수도 있습니다.)

| 1 | 3 | 7 | + | − |

10   5   ⑫   6   14

Key Point
1＋3＋7＝11이므로 11보다
큰 수는 반드시 수 카드를 2개를
붙여 두 자리 수를 만들어야 합
니다.

03 다음 식에서 A＋B의 값을 구하시오. (단, 같은 알파벳은 같은 수를, 다른 알파벳은
다른 수를 나타냅니다.) **12**

A＝C＋2
B＝10−C

04 다음을 모두 만족하는 수 ■, ●, ◆을 모두 사용하여 세 자리 수를 만들 때, 가장 큰
수를 구하시오. (단, 같은 모양은 같은 수를, 다른 모양은 다른 수를 나타냅니다.)
741

■ × 5 ＝5
● − ◆ ＝3
● × ◆ ＝28

34

35

01
```
  2 10              2 10
  ⅜ 2               ⅜ 2
− 1 8        ➡     − 1 8
─────              ─────
    4                1 4
```
따라서 현우가 먹을 쿠키의 개수는 14개입니다.

02 7＋3＝10
7−3＋1＝5 또는 1＋7−3＝5
7−1−6 또는 13−7＝6
17−3＝14
따라서 만들 수 없는 계산 결과는 12입니다.

03 A＝C＋2, B＝10−C이므로
A＋B＝C＋2＋10−C＝12입니다.

04 ■ × 5＝5에서 ■＝1입니다.
곱해서 28이 되는 두 수는 (1, 28), (2, 14), (4, 7)이고
이 중에서 두 수의 차가 3인 두 수는 4와 7입니다.
따라서 ●＝7, ◆＝4입니다.
■＝1, ●＝7, ◆＝4이므로 1, 7, 4를 한 번씩만 사용
하여 만들 수 있는 가장 큰 세 자리 수는 741입니다.

Perfect 경시대회

▶ 정답과 풀이 16쪽

01 다음 식에서 ㉮, ㉯, ㉰가 나타내는 수를 각각 구하시오. (단, 같은 글자는 같은 수를, 다른 글자는 다른 수를 나타냅니다.) ㉮=1, ㉯=2, ㉰=3

·㉮+㉯+㉰=㉮×㉯×㉰
·㉮+2=㉯+1=㉰

02 다음 식에서 ■, ★, ▲이 나타내는 수를 각각 구하시오. (단, 같은 모양은 같은 수를, 다른 모양은 다른 수를 나타냅니다.)

```
  ■ ★
  ■ ★
  ■ ★
+ ■ ★
▲ ■ ■
```

■=2, ★=8, ▲=1
또는
■=4, ★=1, ▲=6
또는
■=4, ★=6, ▲=8

03 주어진 덧셈식에서 숫자 카드 5장을 선택합니다. 선택한 카드를 ⑧ 카드로 바꾸거나 선택한 카드를 없애서 계산 결과가 100이 되도록 만들어 보시오. [예시답안]

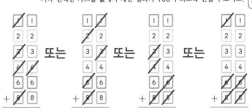

04 1부터 7까지의 숫자 카드를 차례대로 늘어놓아 식을 만들려고 합니다. 이 식에서 5장의 ⊞ 카드를 알맞은 위치에 놓아 다음 식을 완성해 보시오.
(단, ① 과 ② 사이에 ⊞ 카드를 놓지 않으면 12로 봅니다.)

$$\boxed{+}\ \boxed{+}\ \boxed{+}\ \boxed{+}\ \boxed{+}$$

$$\boxed{1}\ \boxed{+}\ \boxed{2}\ \boxed{+}\ \boxed{3}\quad \boxed{4}\ \boxed{+}\ \boxed{5}\ \boxed{+}\ \boxed{6}\ \boxed{+}\ \boxed{7} = 55$$

36

37

---

01 ㉮+2=㉯+1=㉰에서 ㉮, ㉯, ㉰ 순서로 연속되는 수인 것을 알 수 있습니다. 연속되는 세 수의 합과 곱이 같은 경우는 1, 2, 3 밖에 없습니다.

02 ·■=1 또는 ■=3일 때,
★+★+★+★의 계산에서 일의 자리가 1 또는 3이 될 수 없으므로 만족하는 식을 만들 수 없습니다.

·■=2일 때,
★+★+★+★=■2 ➡ ★=3 또는 ★=8
★=3인 경우, 23+23+23+23=92이므로 주어진 식에 알맞지 않습니다.
★=8인 경우, 28+28+28+28=112 ➡ ▲=1

·■=4일 때,
★+★+★+★=■4 ➡ ★=1 또는 ★=6
★=1인 경우, 41+41+41+41=164 ➡ ▲=6
★=6인 경우, 46+46+46+46=184 ➡ ▲=8

03 주어진 식의 계산 결과는 264입니다. 따라서 164를 빼야 계산 결과가 100이 되게 할 수 있습니다.

·일의 자리 수의 계산 결과가 20, 십의 자리 수의 계산 결과가 80이 되게 숫자 5개를 지워 봅니다.

방법1   방법2

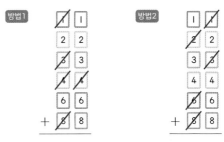

·일의 자리 수의 계산 결과가 10, 십의 자리 수의 계산 결과가 90이 되게 숫자 5개를 지워 봅니다.

방법3   방법4

따라서 100이 되도록 만드는 방법은 4가지입니다.

04 ⊞ 카드가 5장이므로 모든 숫자 사이에 ⊞ 카드를 놓을 수 없습니다. 따라서 두 자리 수가 반드시 1개 있습니다.
67 또는 56을 만들면 55보다 크므로 6과 7, 5와 6 사이에는 반드시 ⊞ 카드를 놓아야 합니다. 따라서 두 자리 수 34를 만든 경우에 1+2+34+5+6+7=55를 만족합니다.

▶ 정답과 풀이 17쪽

01 주어진 16장의 카드를 모두 사용하여 여러 가지 방법으로 퍼즐을 완성해 보시오. (단, 돌리거나 뒤집었을 때 같은 모양은 한 가지로 봅니다.) 온라인 활동지

1	2	3	4	5	6	7	8
+	+	−	−	=	=	=	=

예시답안

방법1
1	+	7	=	8
+				−
4				6
=				=
5	−	3	=	2

방법2
2	+	6	=	8
+				−
3				7
=				=
5	−	4	=	1

방법3
3	+	5	=	8
+				−
4				2
=				=
7	−	1	=	6

방법4
6	+	1	=	7
+				−
2				4
=				=
8	−	5	=	3

02 주어진 숫자 카드 중 8장을 사용하여 뺄셈식을 여러 가지 방법으로 만들어 보시오. 온라인 활동지

0	1	2	3	4	5	6	7	8	9

예시답안

방법1
```
  1032
-  947
─────
    85
```

방법2
```
  1056
-  982
─────
    74
```

방법3
```
  1023
-  975
─────
    48
```

방법4
```
  1036
-  954
─────
    82
```

방법5
```
  1032
-  945
─────
    87
```

방법6
```
  1056
-  984
─────
    72
```

38

39

01

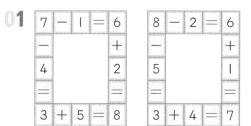

7	−	1	=	6
−				+
4				2
=				=
3	+	5	=	8

8	−	2	=	6
−				+
5				1
=				=
3	+	4	=	7

이외에도 여러 가지 방법이 있습니다.

02 (네 자리 수)−(세 자리 수)=(두 자리 수)가 되므로 네 자리 수의 천의 자리와 백의 자리 숫자는 각각 1, 0이고, 세 자리 수의 백의 자리 숫자는 9입니다.

```
  1  0
-    9
──────
```

남은 수 2, 3, 4, 5, 6, 7, 8을 사용하여
(두 자리 수)−(두 자리 수)를 완성하면
(네 자리 수)−(세 자리 수)=(두 자리 수)가 되므로 받아내림이 있는 뺄셈이어야 합니다.

```
  1 0 2 3
-   9 7 8
─────────
      4 5
```

```
  1 0 3 6
-   9 5 2
─────────
      8 4
```

이외에도 여러 가시 방법이 있습니다.

Ⅱ 공간

① 블록의 개수

▶정답과 풀이 18쪽

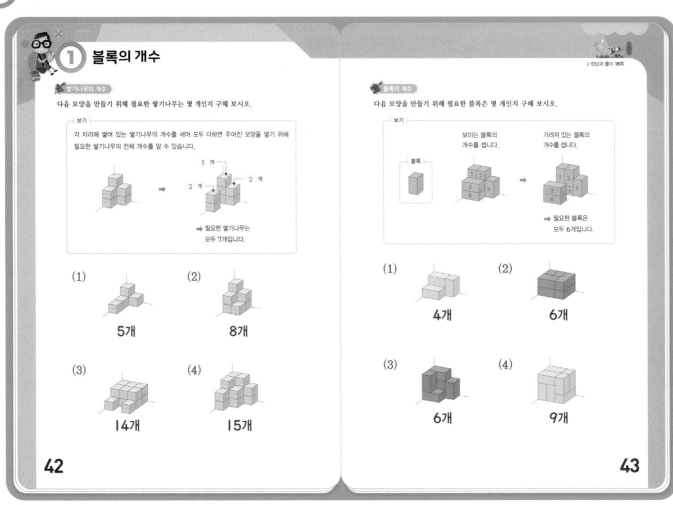

쌓기나무의 개수

각 자리에 쌓여 있는 쌓기나무의 개수를 세어 모두 더합니다.

(1)

➡ 1＋1＋2＋1＝5(개)

(2)

➡ 2＋3＋1＋2＝8(개)

(3)

➡ 1＋2＋2＋2＋2＋1＋2＋2＝14(개)

(4)
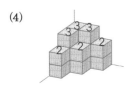
➡ 2＋3＋3＋2＋3＋2＝15(개)

블록의 개수

보이는 블록과 가려져 있는 블록의 개수를 세어 더합니다.

(1)

보이는 블록: 3개
가려진 블록: 1개
➡ 3＋1＝4(개)

(2)
보이는 블록: 6개
가려진 블록: 0개
➡ 6＋0＝6(개)

(3)

보이는 블록: 5개
가려진 블록: 1개
➡ 5＋1＝6(개)

(4)
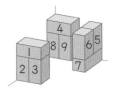
보이는 블록: 7개
가려진 블록: 2개
➡ 7＋2＝9(개)

TIP (4)의 경우 다음과 같은 방법으로 놓여있을 수 있습니다.

① 블록의 개수

대표문제

다음 모양을 만들기 위해 필요한 블록은 각각 몇 개인지 구해 보시오.

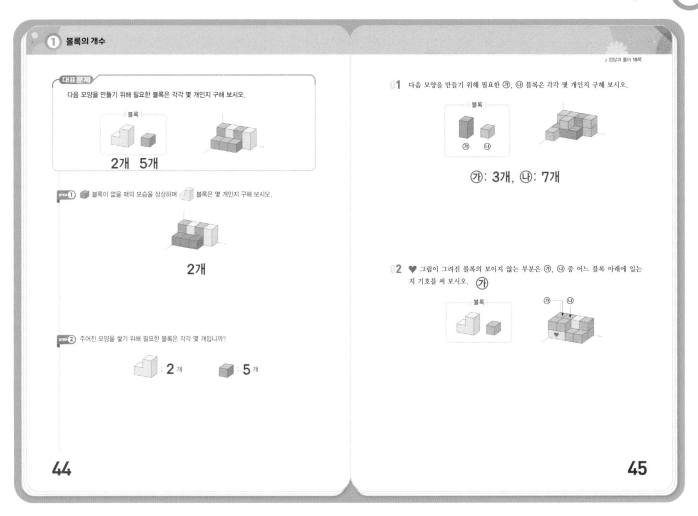

─ 블록 ─

2개 5개

STEP ❶ 🟦 블록이 없을 때의 모습을 상상하며 블록은 몇 개인지 구해 보시오.

2개

STEP ❷ 주어진 모양을 쌓기 위해 필요한 블록은 각각 몇 개입니까?

: 2개   : 5개

> 정답과 풀이 19쪽

01 다음 모양을 만들기 위해 필요한 ㉮, ㉯ 블록은 각각 몇 개인지 구해 보시오.

─ 블록 ─

㉮ ㉯

㉮: 3개, ㉯: 7개

02 ♥ 그림이 그려진 블록의 보이지 않는 부분은 ㉮, ㉯ 중 어느 블록 아래에 있는지 기호를 써 보시오. ㉮

─ 블록 ─   ㉮ ㉯

44   45

대표문제

STEP ❶ 🟦 표시된 블록이 없는 모습은 다음과 같습니다.

STEP ❷ 주어진 모양을 쌓으려면 노란색 블록 2개, 파란색 블록 5개가 필요합니다.

01 왼쪽 모양에서 분홍색 블록이 없을 때의 모습을 생각해 봅니다.

오른쪽 모양에서 연두색 블록은 6개, 보라색 블록은 2개이므로 주어진 모양을 만들기 위해 필요한 초록색 블록은 7개, 보라색 블록은 3개입니다.

02 왼쪽 모양에서 분홍색 블록이 없을 때의 모습을 생각해 봅니다.

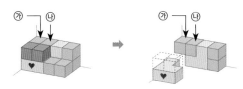

따라서 ♥ 그림이 그려진 블록의 보이지 않는 부분은 ㉮ 블록 아래에 있습니다.

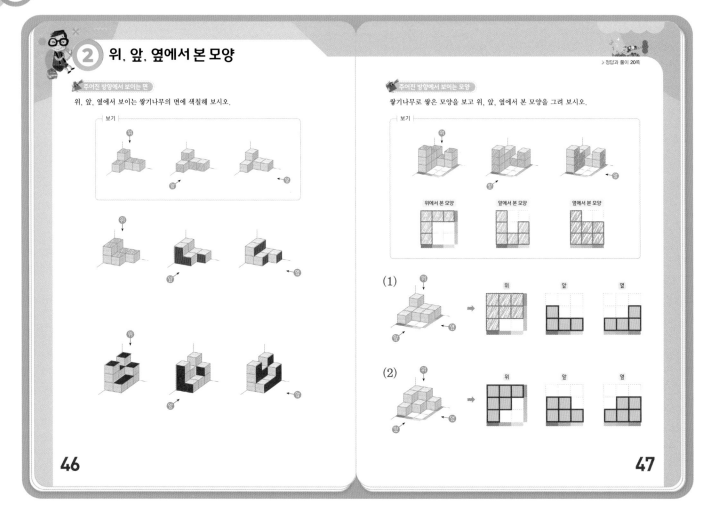

② 위, 앞, 옆에서 본 모양

주어진 방향에서 보이는 면

위, 앞, 옆에서 보이는 쌓기나무의 면에 색칠해 보시오.

주어진 방향에서 보이는 모양

쌓기나무로 쌓은 모양을 보고 위, 앞, 옆에서 본 모양을 그려 보시오.

46

47

주어진 방향에서 보이는 면

화살표 방향을 따라 위, 앞, 옆에서 보이는 부분을 색칠합니다.

주어진 방향에서 보이는 모양

위, 앞, 옆에서 보이는 부분을 색칠해 보고 각 줄의 색칠된 위치에 따라 위, 앞, 옆에서 본 모양을 그립니다.

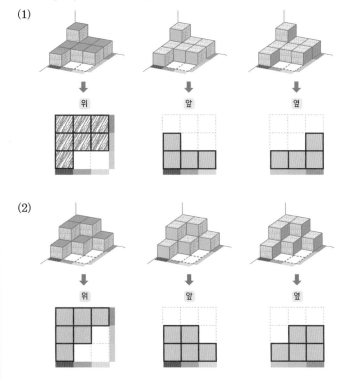

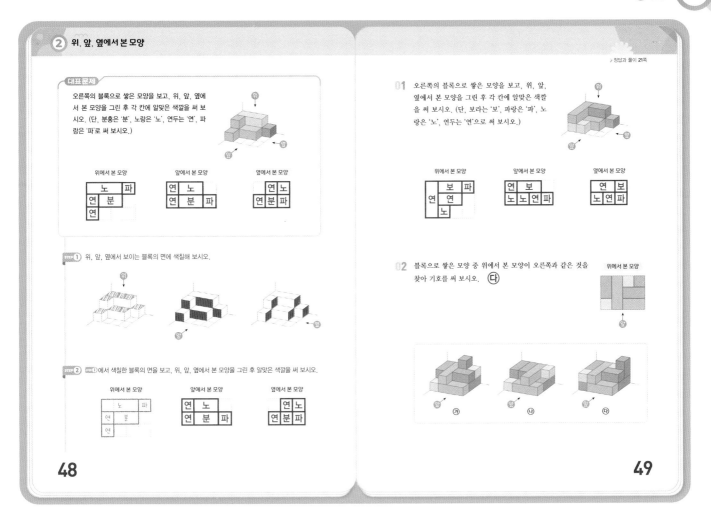

② 위, 앞, 옆에서 본 모양

대표문제

오른쪽의 블록으로 쌓은 모양을 보고, 위, 앞, 옆에서 본 모양을 그린 후 각 칸에 알맞은 색깔을 써 보시오. (단, 분홍은 '분', 노랑은 '노', 연두는 '연', 파랑은 '파'로 써 보시오.)

STEP ① 위, 앞, 옆에서 보이는 블록의 면에 색칠해 보시오.

STEP ② STEP ①에서 색칠한 블록의 면을 보고, 위, 앞, 옆에서 본 모양을 그린 후 알맞은 색깔을 써 보시오.

48

정답과 풀이 21쪽

01 오른쪽의 블록으로 쌓은 모양을 보고, 위, 앞, 옆에서 본 모양을 그린 후 각 칸에 알맞은 색깔을 써 보시오. (단, 보라는 '보', 파랑은 '파', 노랑은 '노', 연두는 '연'으로 써 보시오.)

02 블록으로 쌓은 모양 중 위에서 본 모양이 오른쪽과 같은 것을 찾아 기호를 써 보시오. **㉢**

49

대표문제

STEP ① 화살표 방향을 따라 위, 앞, 옆에서 보이는 부분을 색칠합니다.

STEP ② 각 줄의 색칠된 위치와 블록의 크기를 생각하며 위, 앞, 옆에서 본 모양을 그립니다.

01 위, 앞, 옆에서 본 모양을 그리면 다음과 같습니다.

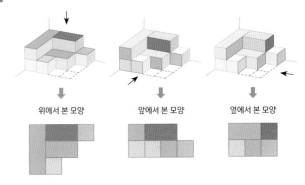

위에서 본 모양　　앞에서 본 모양　　옆에서 본 모양

02 ㉮, ㉯, ㉢ 모양을 위에서 본 모양은 다음과 같습니다.

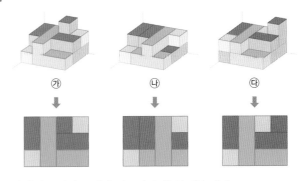

㉮　　　　㉯　　　　㉢

따라서 주어진 모양과 비교하면 ㉢와 같습니다.

3 소마큐브

▶정답과 풀이 22쪽

소마큐브 조각 찾기

서로 다른 조각 2개를 사용하여 만든 모양입니다. 어떤 조각을 사용했는지 찾아 번호를 써 보시오.

색칠된 조각을 뺀 모양 찾기

서로 다른 조각 3개를 사용하여 만든 모양입니다. 사용한 조각 중에서 색칠된 조각을 뺀 모양을 찾아 ○표 하시오.

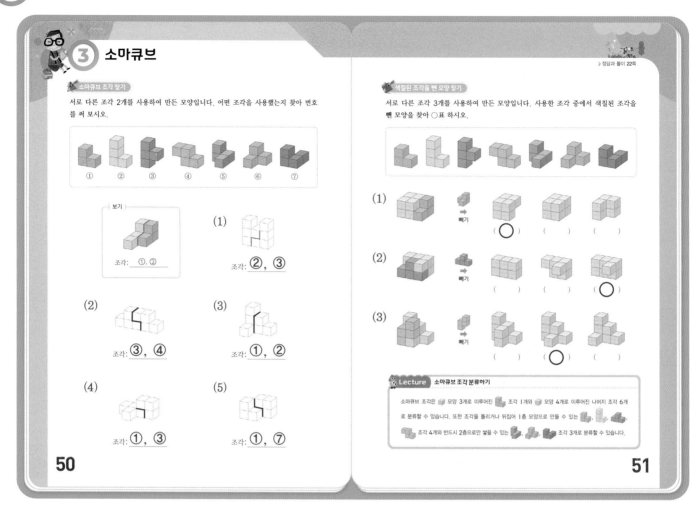

보기

조각: ①, ②

(1) 조각: ②, ③

(2) 조각: ③, ④

(3) 조각: ①, ②

(4) 조각: ①, ③

(5) 조각: ①, ⑦

(1) 빼기 (○) ( ) ( )

(2) 빼기 ( ) ( ) (○)

(3) 빼기 ( ) (○) ( )

Lecture 소마큐브 조각 분류하기

소마큐브 조각은 모양 3개로 이루어진 조각 1개와 모양 4개로 이루어진 나머지 조각 6개로 분류할 수 있습니다. 또한 조각을 돌리거나 뒤집어 1층 모양으로 만들 수 있는 조각 4개와 반드시 2층으로만 쌓을 수 있는 조각 3개로 분류할 수 있습니다.

50

51

소마큐브 조각 찾기

주어진 모양에서 한 개의 소마큐브 조각을 찾고, 남은 부분이 소마큐브 조각이 되는지 알아봅니다.

(1) 또는

(2)  또는

(3) 또는

(4)

(5)

색칠된 조각을 뺀 모양 찾기

색칠된 조각을 빼면 어떤 모양이 되는지 생각하며 알맞은 모양을 찾습니다.

(1)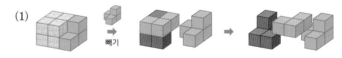
빼기 ➡

(2)
빼기 ➡

(3)
빼기 ➡

TIP (2)의 경우 다음과 같은 방법으로 놓여있을 수 있습니다.

 또는 또는

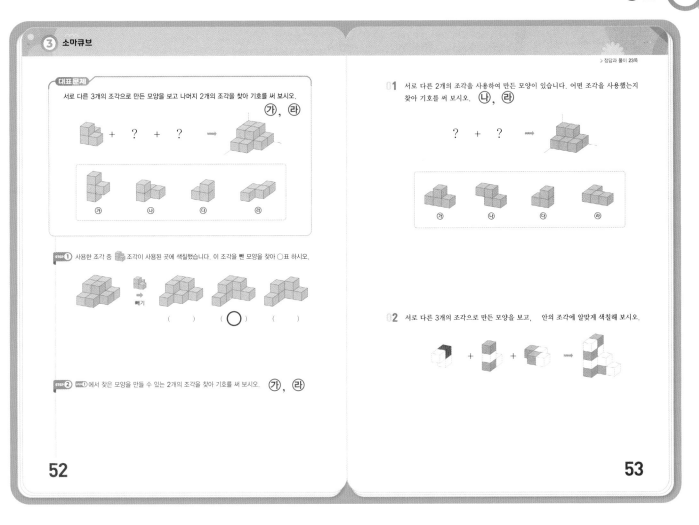

대표문제

STEP 1 색칠한 조각을 빼면 어떤 모양이 되는지 생각하며 알맞은 모양을 찾습니다.

STEP 2 STEP 1에서 찾은 모양은 다음과 같이 ㉮와 ㉺로 만들 수 있습니다.

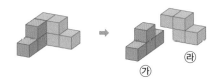

TIP STEP 1에서 찾은 모양은 🟦 모양 8개로 만들어진 모양이므로 이 모양을 만들 수 있는 2개의 조각은 각각 🟦 모양 4개로 이루어져야 합니다.

01

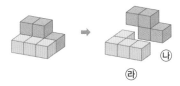

02 주어진 모양은 다음 3개의 조각으로 만들 수 있습니다.

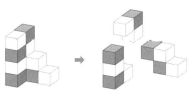

정답과 풀이 **23**

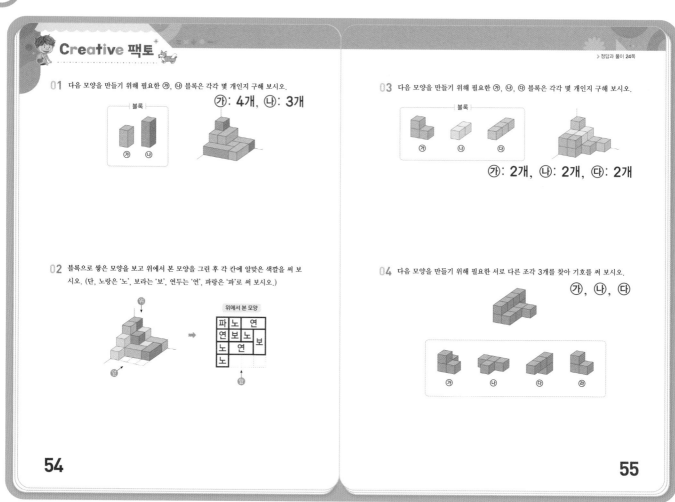

01 다음 모양을 만들기 위해 필요한 ㉮, ㉯ 블록은 각각 몇 개인지 구해 보시오.

㉮: 4개, ㉯: 3개

02 블록으로 쌓은 모양을 보고 위에서 본 모양을 그린 후 각 칸에 알맞은 색깔을 써 보시오. (단, 노랑은 '노', 보라는 '보', 연두는 '연', 파랑은 '파'로 써 보시오.)

위에서 본 모양

파	노	연
연	보	노	보
노	연	
노		

03 다음 모양을 만들기 위해 필요한 ㉮, ㉯, ㉰ 블록은 각각 몇 개인지 구해 보시오.

㉮: 2개, ㉯: 2개, ㉰: 2개

04 다음 모양을 만들기 위해 필요한 서로 다른 조각 3개를 찾아 기호를 써 보시오.

㉮, ㉯, ㉰

54

55

---

01 왼쪽 모양에서 분홍색 블록이 없을 때의 모습을 생각해 봅니다.

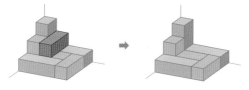

오른쪽 모양에서 초록색 블록은 3개, 파란색 블록은 3개이므로, 주어진 모양을 만들기 위해 필요한 초록색 블록은 4개, 파란색 블록은 3개입니다.

02 주어진 모양을 위에서 본 모양은 다음과 같습니다.

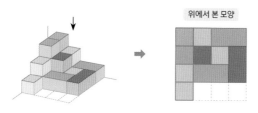

위에서 본 모양

03 왼쪽 모양에서 분홍색 블록이 없을 때의 모습을 생각해 봅니다.

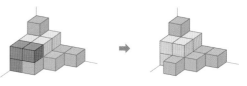

오른쪽 모양에서 ㉮ 1개, ㉯ 2개, ㉰ 2개이므로, 주어진 모양을 만들기 위해 필요한 블록은 ㉮ 2개, ㉯ 2개, ㉰ 2개입니다.

04 주어진 모양은 ▦, ▦, ▦로 만들 수 있습니다.

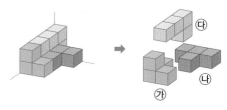

별해 전체 모양은 ◻ 모양 12개로 만들어진 모양이므로 이 모양을 만들 수 있는 3개의 조각은 각각 ◻ 모양 4개로 이루어져야 합니다. 따라서 ㉳조각은 주어진 모양을 만드는 데 필요하지 않습니다.

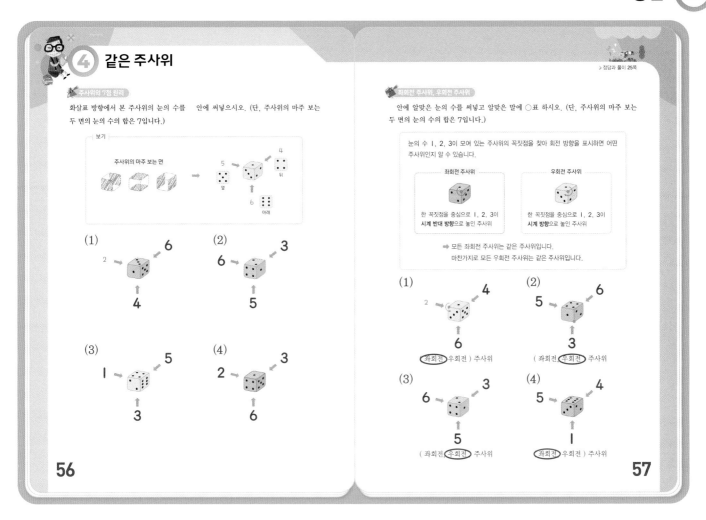

[주사위의 7점 원리]

주사위의 마주 보는 두 면의 눈의 수의 합이 7이 되도록 화살표가 가리키는 면의 눈의 수를 구합니다.

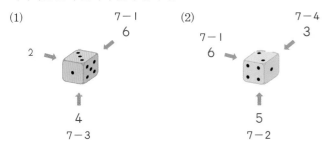

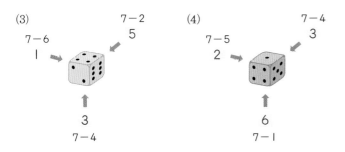

[좌회전 주사위, 우회전 주사위]

눈의 수 1, 2, 3이 모여 있는 주사위의 꼭짓점을 찾아 회전 방향을 표시해 봅니다.

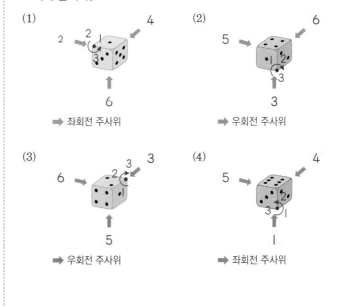

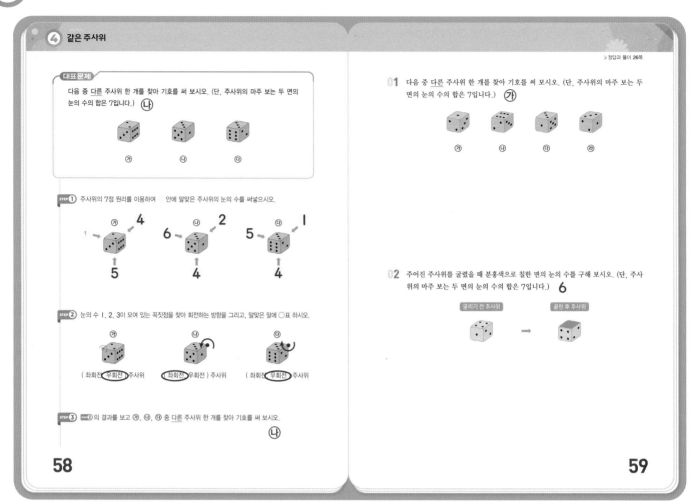

대표문제

STEP ① 주사위의 마주 보는 두 면의 눈의 수의 합이 7이 되도록 화살표가 가리키는 면의 눈의 수를 구합니다.

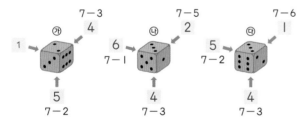

STEP ② 눈의 수 1, 2, 3이 모여 있는 주사위의 꼭짓점을 찾아 회전 방향을 표시해 봅니다.

⇒ 우회전   ⇒ 좌회전   ⇒ 우회전

STEP ③ ㉮, ㉯는 우회전 주사위, ㉯는 좌회전 주사위이므로, 다른 주사위는 ㉯입니다.

01 눈의 수 1, 2, 3이 모여 있는 주사위의 꼭짓점을 찾아 회전 방향을 표시해 봅니다.

⇒ 좌회전   ⇒ 우회전   ⇒ 우회전   ⇒ 우회전

02 주사위의 각 면의 눈의 수를 알아보고, 어떻게 굴렸는지 생각하여 색칠한 면의 눈의 수를 구합니다.

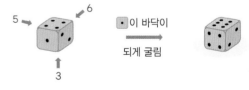

TIP 눈의 수 1, 2, 3이 모여 있는 주사위의 꼭짓점을 중심으로 우회전하고 있는 점을 이용하여 해결할 수도 있습니다.

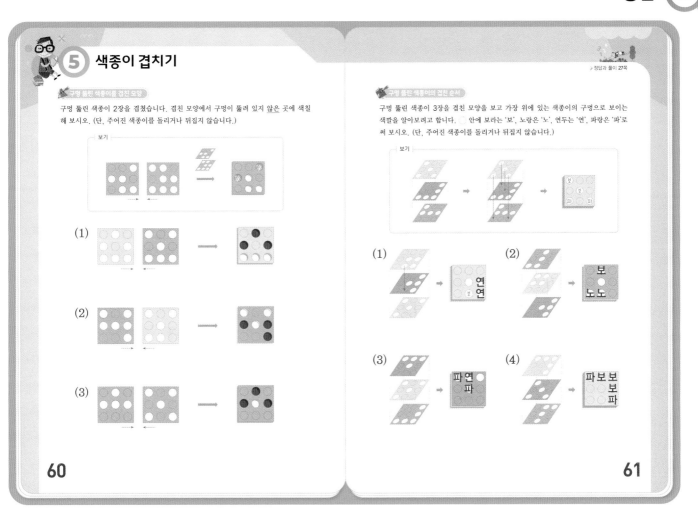

⑤ 색종이 겹치기

▶ 정답과 풀이 27쪽

구멍 뚫린 색종이를 겹친 모양

구멍 뚫린 색종이 2장을 겹쳤습니다. 겹친 모양에서 구멍이 뚫려 있지 않은 곳에 색칠해 보시오. (단, 주어진 색종이를 돌리거나 뒤집지 않습니다.)

구멍 뚫린 색종이의 겹친 순서

구멍 뚫린 색종이 3장을 겹친 모양을 보고 가장 위에 있는 색종이의 구멍으로 보이는 색깔을 알아보려고 합니다. ○ 안에 보라는 '보', 노랑은 '노', 연두는 '연', 파랑은 '파'로 써 보시오. (단, 주어진 색종이를 돌리거나 뒤집지 않습니다.)

60

61

구멍 뚫린 색종이를 겹친 모양

위쪽에 겹쳐지는 색종이의 구멍에 번호를 붙여 아래쪽 색종이와 비교한 다음 두 색종이를 겹쳤을 때 구멍이 뚫려 있지 않은 곳에 색칠합니다.

(1)

➡ ①, ②, ③은 겹쳤을 때 구멍이 뚫려 있지 않습니다.

(2)

➡ ③, ⑤, ⑥은 겹쳤을 때 구멍이 뚫려 있지 않습니다.

(3)

➡ ①, ②, ④는 겹쳤을 때 구멍이 뚫려 있지 않습니다.

구멍 뚫린 색종이의 겹친 순서

맨 위쪽에 겹쳐지는 색종이의 각 구멍에 화살표를 그려 어떤 색이 보이는지 알아봅니다.

(1)

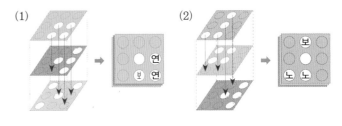

(2)

(3)

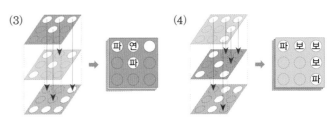

(4)

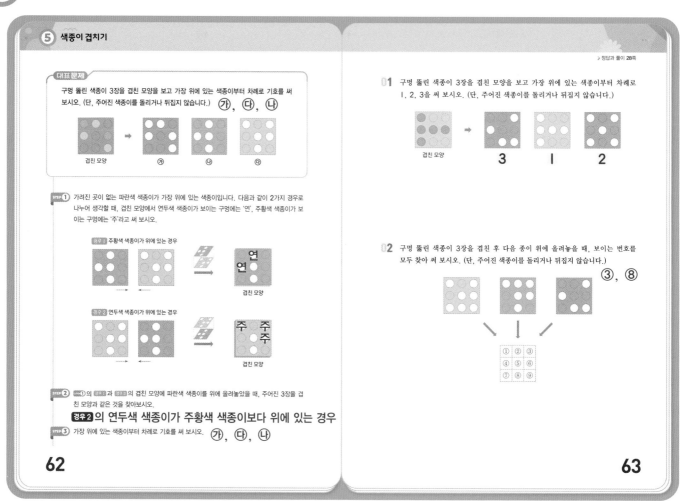

대표문제

STEP 1 경우 1 주황색 색종이의 구멍 중 연두색 색종이의 구멍이 뚫려 있지 않은 곳을 찾습니다.

경우 2 연두색 색종이의 구멍 중 주황색 색종이의 구멍이 뚫려 있지 않은 곳을 찾습니다.

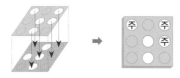

STEP 2 ○ 표시된 구멍에서 연두색이 보여야 하므로 연두색 색종이가 주황색 색종이보다 위에 있어야 합니다.

STEP 3 겹친 모양처럼 보이려면 위부터 ㉮, ㉰, ㉯ 순서로 겹쳐야 합니다.

01 겹친 모양에서 노란색 색종이가 가장 위에 있습니다.

또한 위의 그림과 같이 노란색 색종이의 ○ 표시된 구멍의 위치에서 보면 분홍색과 파란색 색종이가 모두 막혀 있는데 겹친 모양에서 파란색이 보이므로 둘째 번으로 놓인 것은 파란색 색종이, 셋째 번으로 놓인 것은 분홍색 색종이입니다.

02 색종이 3장 모두 구멍이 뚫려 있는 곳은 다음과 같으므로, 보이는 색깔의 번호는 ③, ⑧입니다.

TIP 색종이 3장을 겹쳤을 때 모두 구멍이 뚫려 있는 곳을 찾으므로, 겹치는 순서는 상관 없습니다.

⑥ 색종이 자르기

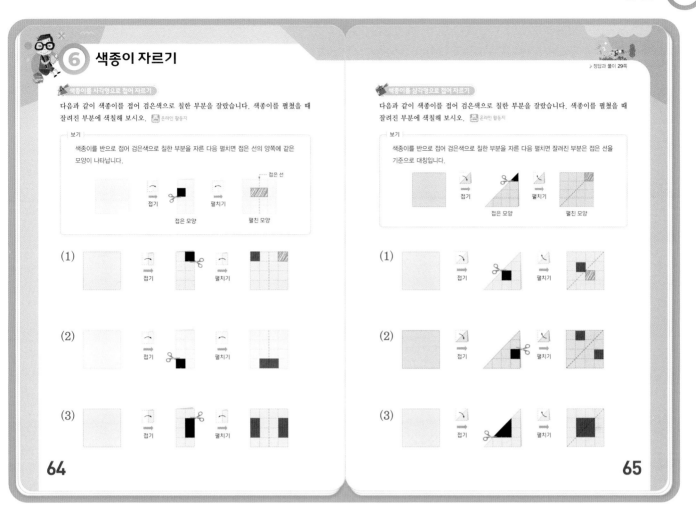

색종이를 사각형으로 접어 자르기

잘려진 부분은 접은 선을 기준으로 대칭입니다.
펼친 모양에 접은 모양의 검은색으로 칠한 부분을 먼저 표시하고,
대칭인 부분을 찾아 색칠합니다.

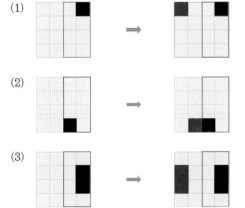

색종이를 삼각형으로 접어 자르기

잘려진 부분은 접은 선을 기준으로 대칭입니다.
펼친 모양에 접은 모양의 검은색으로 칠한 부분을 먼저 표시하고,
대칭인 부분을 찾아 색칠합니다.

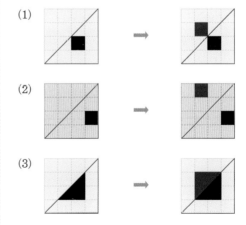

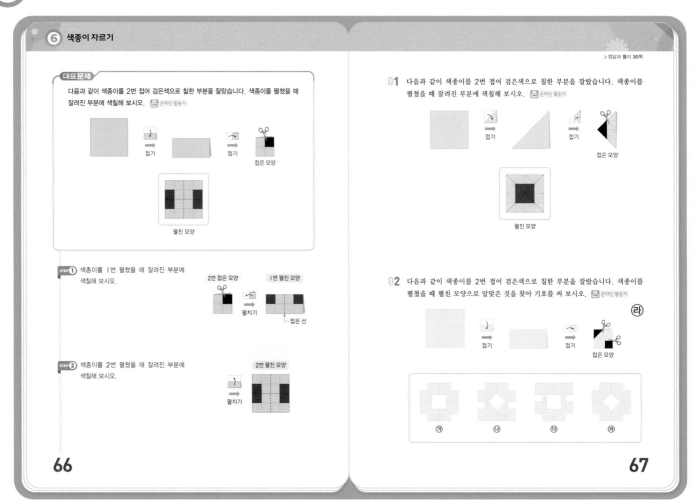

대표문제

STEP 1 잘려진 부분은 접은 선을 기준으로 대칭입니다.

STEP 2

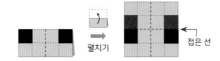

01 접은 순서와 반대로 펼친 모양을 생각하여 그립니다. 잘려진 부분은 접은 선을 기준으로 대칭입니다.

02 접은 순서와 반대로 펼친 모양을 생각하여 그립니다. 잘려진 부분은 접은 선을 기준으로 대칭입니다.

Creative 팩토⁺

> 정답과 풀이 31쪽

01 주어진 주사위를 굴렸을 때 분홍색으로 칠한 면의 눈의 수를 구해 보시오. (단, 주사위의 마주 보는 두 면의 눈의 수의 합은 7입니다.) **4**

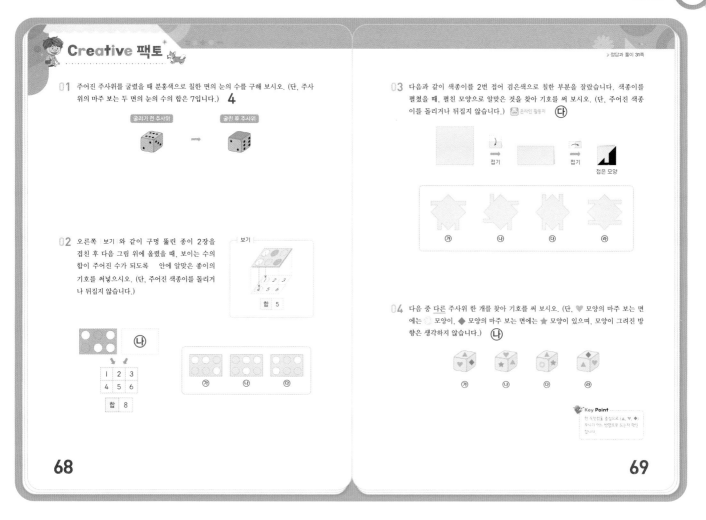

02 오른쪽 |보기|와 같이 구멍 뚫린 종이 2장을 겹친 후 다음 그림 위에 올렸을 때, 보이는 수의 합이 주어진 수가 되도록 ◯ 안에 알맞은 종이의 기호를 써넣으시오. (단, 주어진 색종이를 돌리거나 뒤집지 않습니다.)

|보기|

합 5

1 2 3
4 5 6

⑭

합 8

⑦ ⑭ ⑭

03 다음과 같이 색종이를 2번 접어 검은색으로 칠한 부분을 잘랐습니다. 색종이를 펼쳤을 때, 펼친 모양으로 알맞은 것을 찾아 기호를 써 보시오. (단, 주어진 색종이를 돌리거나 뒤집지 않습니다.) 🖥온라인 활동지 **⑭**

접기 → 접기 → 접은 모양

⑦ ⑭ ⑭ ⑭

04 다음 중 다른 주사위 한 개를 찾아 기호를 써 보시오. (단, ♥ 모양의 마주 보는 면에는 ◉ 모양이, ◆ 모양의 마주 보는 면에는 ★ 모양이 있으며, 모양이 그려진 방향은 생각하지 않습니다.) **⑭**

⑦ ⑭ ⑭ ⑭

🔑 Key Point
한 꼭짓점을 중심으로 (▲, ♥, ◆)
모양이 어느 방향으로 도는지 확인
합니다.

68

69

---

01 주사위의 각 면의 눈의 수를 알아보고, 어떻게 굴렸는지 생각하여 색칠한 면의 눈의 수를 구합니다.

4 → 5

⚁ 이 바닥이 되게 굴림

1

TIP 눈의 수 1, 2, 3이 모여 있는 주사위의 꼭짓점을 중심으로 우회전하고 있는 점을 이용하여 해결할 수도 있습니다.

02 파란색 종이를 숫자판에 겹치면 다음과 같습니다.

① ◯ ③
◯ ⑤ ⑥

파란색 종이와 연두색 종이를 겹쳤을 때 보이는 수의 합이 8이 되려면 3＋5＝8에서 3과 5가 보여야 하므로 3과 5에 구멍이 뚫린 종이를 찾으면 ⑭입니다.

◯ ◯ ③
◯ ⑤ ◯

03 접은 순서와 반대로 펼친 모양을 생각하여 그립니다. 잘려진 부분은 접은 선을 기준으로 대칭입니다.

→ 펼치기 → → 펼치기 →

04 ▲, ♥, ◆ 모양이 모여 있는 주사위의 꼭짓점을 찾아 ▲, ♥, ◆ 모양 순서로 회전 방향을 표시해 봅니다.

⑦ ⑭ ⑭ ⑭

➡ 좌회전 ➡ 우회전 ➡ 좌회전 ➡ 좌회전

Perfect 경시대회

▶정답과 풀이 32쪽

01 서로 다른 3개의 조각으로 만든 모양을 보고, 　안의 조각에 알맞게 색칠해 보시오.

(1)

(2)

02 다음 모양을 만들기 위해 필요한 ㉮, ㉯, ㉰ 블록은 각각 몇 개인지 구해 보시오.

㉮: 2개, ㉯: 2개, ㉰: 3개

㉮ ㉯ ㉰

03 구멍 뚫린 종이를 여러 방향으로 돌리면서 서로 겹칠 때 나올 수 <u>없는</u> 모양을 찾아 ○표 하시오.

보기

위에 있는 색종이는 고정시키고 아래의 색종이만 돌려 보면 두 색종이를 겹칠 때 나올 수 있는 모양을 모두 알 수 있습니다.

(1)

(2)

(3)

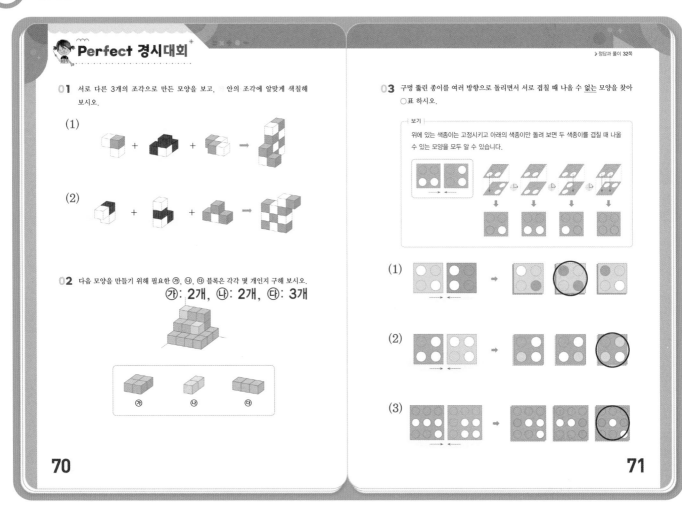

01 전체 모양에서 주어진 3개의 조각은 다음의 위치에 있습니다.

(1)

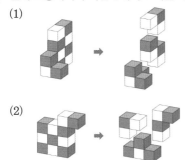

(2)

02 초록색 블록이 없을 때의 모습을 생각해 봅니다.

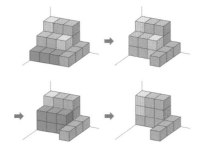

따라서 주어진 모양을 만들기 위해 필요한 블록은 ㉮ 2개, ㉯ 2개, ㉰ 3개입니다.

03 위에 겹쳐지는 왼쪽 색종이는 고정시키고, 아래에 겹쳐지는 오른쪽 색종이만 돌려 두 색종이를 겹칠 때 나올 수 있는 모양을 알아봅니다.

(1)

(2)

(3)

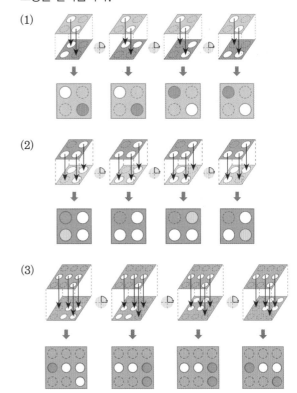

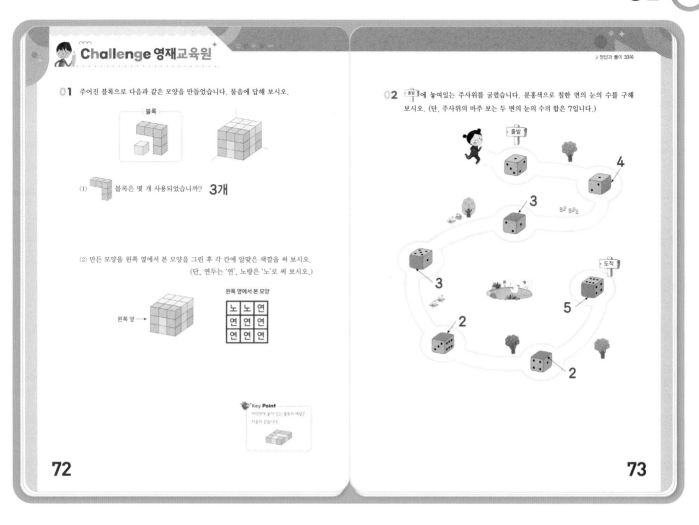

01 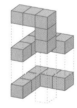 블록만 남기면 아래의 그림과 같습니다.

(1) 위의 그림에서 ⬛ 블록은 3개 사용되었습니다.

(2) 왼쪽 옆에서 보면, 아래의 2개 층은 ⬛ 블록만 보이고, 가장 위의 층의 오른쪽에서 첫째 칸은 ⬛ 블록 중 작은 🔲 모양의 한 면만 보이게 됩니다.

02 주사위의 각 면의 눈의 수를 알아보고, 어떻게 굴렸는지 생각하여 색칠한 면의 눈의 수를 구합니다.

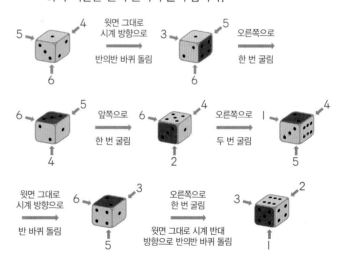

TIP 눈의 수 1, 2, 3이 모여 있는 주사위의 꼭짓점을 중심으로 우회전하고 있는 점을 이용하여 해결할 수도 있습니다.

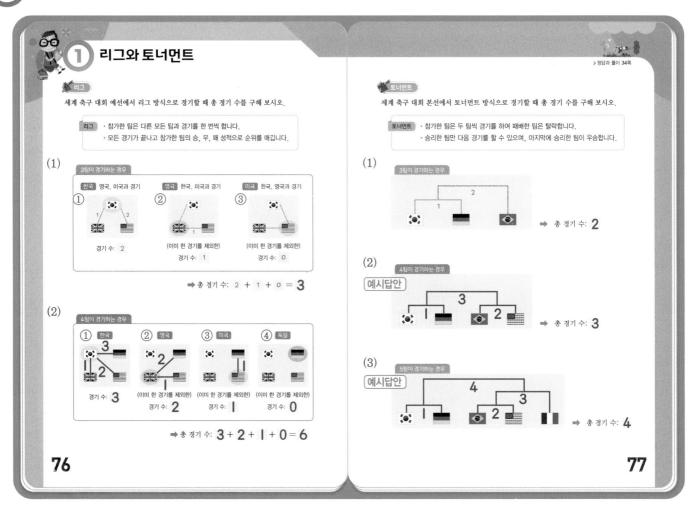

① 리그와 토너먼트

> 정답과 풀이 34쪽

리그

세계 축구 대회 예선에서 리그 방식으로 경기할 때 총 경기 수를 구해 보시오.

> 리그 · 참가한 팀은 다른 모든 팀과 경기를 한 번씩 합니다.
> · 모든 경기가 끝나고 참가한 팀의 승, 무, 패 성적으로 순위를 매깁니다.

(1) 3팀이 경기하는 경우

① 한국 영국, 미국과 경기
경기 수: 2

② 영국 한국, 미국과 경기
(이미 한 경기를 제외한)
경기 수: 1

③ 미국 한국, 영국과 경기
(이미 한 경기를 제외한)
경기 수: 0

➡ 총 경기 수: 2 + 1 + 0 = 3

(2) 4팀이 경기하는 경우

① 한국
경기 수: 3

② 영국
(이미 한 경기를 제외한)
경기 수: 2

③ 미국
(이미 한 경기를 제외한)
경기 수: 1

④ 독일
(이미 한 경기를 제외한)
경기 수: 0

➡ 총 경기 수: 3 + 2 + 1 + 0 = 6

토너먼트

세계 축구 대회 본선에서 토너먼트 방식으로 경기할 때 총 경기 수를 구해 보시오.

> 토너먼트 · 참가한 팀은 두 팀씩 경기를 하여 패배한 팀은 탈락합니다.
> · 승리한 팀만 다음 경기를 할 수 있으며, 마지막에 승리한 팀이 우승합니다.

(1) 3팀이 경기하는 경우

➡ 총 경기 수: 2

(2) 4팀이 경기하는 경우
[예시답안]

➡ 총 경기 수: 3

(3) 5팀이 경기하는 경우
[예시답안]

➡ 총 경기 수: 4

리그

(1) ① 한국은 영국, 미국과 각각 경기하므로 경기 수는 2입니다.

② 영국은 이미 한 경기를 제외하고 미국과 경기하므로 경기 수는 1입니다.

③ 미국은 이미 한 경기를 제외하면 경기 수는 0입니다.

따라서 총 경기 수는 2 + 1 + 0 = 3입니다.

(2) ① 한국은 영국, 미국, 독일과 각각 경기하므로 경기 수는 3입니다.

② 영국은 미국, 독일과 각각 경기하므로 이미 한 경기를 제외한 경기 수는 2입니다.

③ 미국은 독일과 경기하므로 이미 한 경기를 제외한 경기 수는 1입니다.

④ 독일은 이미 한 경기를 제외하면 경기 수는 0입니다.

따라서 총 경기 수는 3 + 2 + 1 + 0 = 6입니다.

토너먼트

· 토너먼트 방식의 규칙을 생각하여 그림으로 나타내어 보고 총 경기 수를 구해 봅니다.

· 토너먼트 방식의 대진표는 여러 가지 방법으로 만들 수 있습니다.

(2)

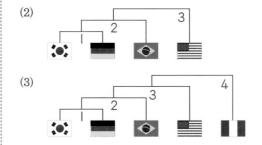

(3)

① 리그와 토너먼트

> 정답과 풀이 35쪽

대표문제

5명이 배드민턴 경기를 리그 방식으로 할 때, 총 경기 수를 구해 보시오. 10

> **리그** 참가한 사람은 다른 모든 사람과 경기를 한 번씩 합니다.

민준 서윤 시은 주원 지우

STEP ① 민준이가 해야 하는 경기를 모두 ──→로 나타냈습니다. 그림을 보고 경기 수를 구해 보시오.
4

STEP ② 이미 민준이와 한 경기는 제외하고, 서윤이가 해야 하는 경기를 ──→로 나타내고 경기 수를 구해 보시오.
3

STEP ③ 이미 한 경기는 제외하고, 시은, 주원, 지우가 해야 하는 경기를 각각 화살표로 나타내고 경기 수를 구해 보시오.
2, 1, 0

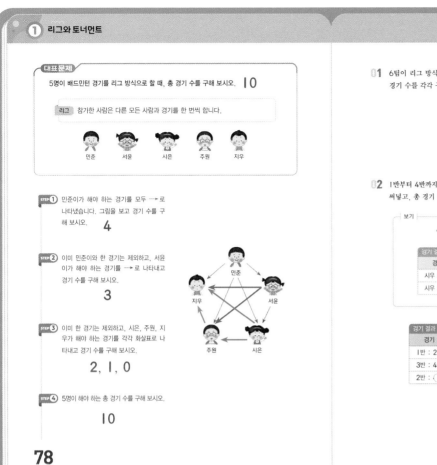

STEP ④ 5명이 해야 하는 총 경기 수를 구해 보시오.
10

78

---

01 6팀이 리그 방식으로 경기할 때의 총 경기 수와 토너먼트 방식으로 경기할 때 총 경기 수를 각각 구해 보시오.

**리그 방식 총 경기 수: 15,
토너먼트 방식 총 경기 수: 5**

02 1반부터 4반까지 야구 경기를 한 결과의 일부입니다. 대진표의 빈칸에 알맞은 반을 써넣고, 총 경기 수를 구해 보시오. **총 경기 수: 3**

> **보기**
>
> 〈시우, 이든, 준서가 토너먼트 방식으로 경기한 경우〉
>
> **경기 결과**
>
> | 경기 | 이긴 사람 |
> | --- | --- |
> | 시우 : 이든 | 시우 |
> | 시우 : 준서 | 준서 |
>
>

경기 결과

경기	승리한 반
1반 : 2반	2반
3반 : 4반	4반
2반 :	4반

79

대표문제

STEP ① 민준이가 해야 하는 경기 수는 4입니다.

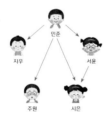

STEP ② 이미 민준이와 한 경기는 제외하고, 서윤이가 해야 하는 경기를 모두 ──→로 나타내면 경기 수는 3입니다.

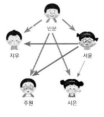

STEP ③ 이미 한 경기는 제외하고, 시은, 주원, 지우가 해야 하는 경기를 화살표로 나타내면 경기 수는 각각 2, 1, 0입니다.

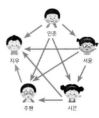

STEP ④ 총 경기 수: $4+3+2+1+0=10$

01
- 6팀이 리그 방식으로 경기하는 총 경기 수는 $5+4+3+2+1+0=15$입니다.
- 6팀이 토너먼트 방식으로 경기하는 총 경기 수는 5입니다.

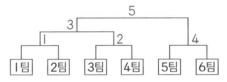

02
- 1반과 2반의 경기의 승자는 2반입니다.
- 2반과 4반이 경기하기 위해서는, 3반과 4반의 경기의 승자는 4반이어야 합니다.
- 2반과 어떤 반의 경기에서 4반이 승리했으므로 우승한 반은 4반이고, 총 경기 수는 3입니다.

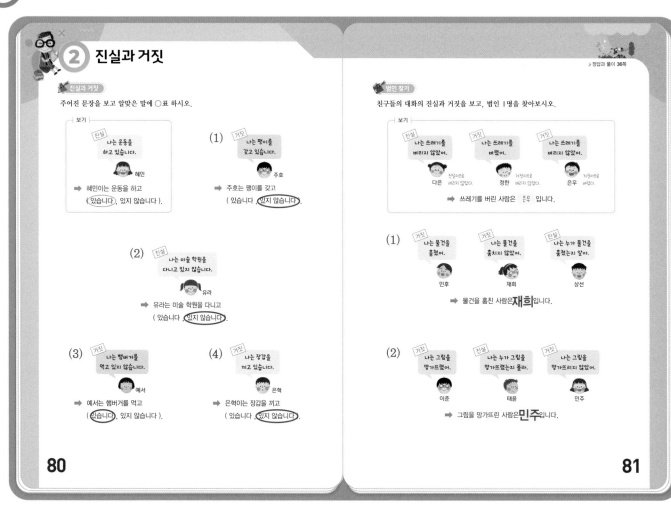

진실과 거짓

(1) 주호가 팽이를 갖고 있다는 말이 거짓이므로
주호는 팽이를 갖고 있지 않습니다.

(2) 유라는 미술 학원을 다니고 있지 않다는 말이 진실이므로
유라는 미술 학원을 다니고 있지 않습니다.

(3) 예서는 햄버거를 먹고 있지 않다는 말이 거짓이므로
예서는 햄버거를 먹고 있습니다.

(4) 은혁이는 장갑을 끼고 있다는 말이 거짓이므로
은혁이는 장갑을 끼고 있지 않습니다.

범인 찾기

(1) 재희가 물건을 훔치지 않았다는 말이 거짓이므로
물건을 훔친 사람은 재희입니다.

(2) 민주가 그림을 망가뜨리지 않았다는 말이 거짓이므로
그림을 망가뜨린 사람은 민주입니다.

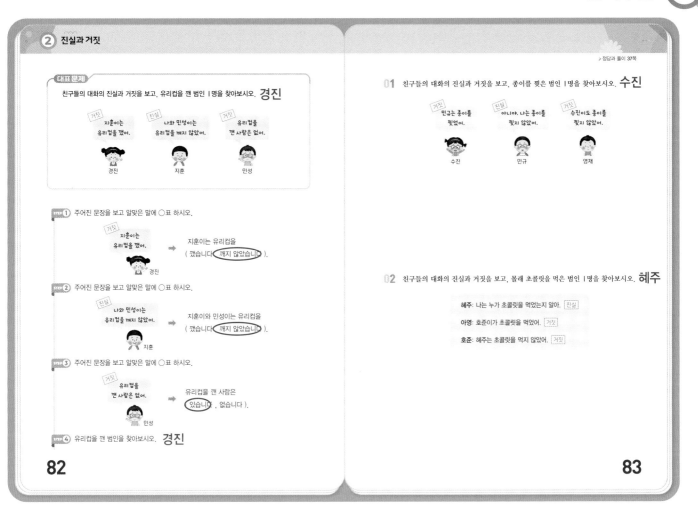

② 진실과 거짓

> 정답과 풀이 37쪽

대표문제

친구들의 대화의 진실과 거짓을 보고, 유리컵을 깬 범인 1명을 찾아보시오. **경진**

거짓
지훈이는
유리컵을 깼어.
경진

진실
나와 민성이는
유리컵을 깨지 않았어.
지훈

거짓
유리컵을
깬 사람은 없어.
민성

STEP ① 주어진 문장을 보고 알맞은 말에 ○표 하시오.

거짓
지훈이는
유리컵을 깼어.
경진
→ 지훈이는 유리컵을
(깼습니다, ⟨깨지 않았습니다⟩).

STEP ② 주어진 문장을 보고 알맞은 말에 ○표 하시오.

진실
나와 민성이는
유리컵을 깨지 않았어.
지훈
→ 지훈이와 민성이는 유리컵을
(깼습니다, ⟨깨지 않았습니다⟩).

STEP ③ 주어진 문장을 보고 알맞은 말에 ○표 하시오.

거짓
유리컵을
깬 사람은 없어.
민성
→ 유리컵을 깬 사람은
(⟨있습니다⟩ , 없습니다).

STEP ④ 유리컵을 깬 범인을 찾아보시오. **경진**

01 친구들의 대화의 진실과 거짓을 보고, 종이를 찢은 범인 1명을 찾아보시오. **수진**

거짓
민규는 종이를
찢었어.
수진

진실
아니야, 나는 종이를
찢지 않았어.
민규

거짓
수진이도 종이를
찢지 않았어.
영재

02 친구들의 대화의 진실과 거짓을 보고, 몰래 초콜릿을 먹은 범인 1명을 찾아보시오. **혜주**

혜주: 나는 누가 초콜릿을 먹었는지 알아. 진실

아영: 호준이가 초콜릿을 먹었어. 거짓

호준: 혜주는 초콜릿을 먹지 않았어. 거짓

82   83

대표문제

STEP ① 지훈이가 유리컵을 깼다는 말이 거짓이므로
지훈이는 유리컵을 깨지 않았습니다.

STEP ② 지훈이와 민성이가 유리컵을 깨지 않았다는 말이 진실이므로
지훈이와 민성이는 유리컵을 깨지 않았습니다.

STEP ③ 유리컵을 깬 사람은 없다는 말이 거짓이므로
유리컵을 깬 사람이 있습니다.

STEP ④ 경진, 지훈, 민성이 중 지훈이와 민성이는 유리컵을 깨지
않았으므로 유리컵을 깬 사람은 경진이입니다.

01 • 민규가 종이를 찢었다는 말이 거짓이므로
민규는 종이를 찢지 않았습니다.
• 수진이가 종이를 찢지 않았다는 말이 거짓이므로
종이를 찢은 사람은 수진이입니다.

02 • 호준이가 초콜릿을 먹었다는 말이 거짓이므로
호준이는 초콜릿을 먹지 않았습니다.
• 혜주가 초콜릿을 먹지 않았다는 말이 거짓이므로
초콜릿을 먹은 사람은 혜주입니다.

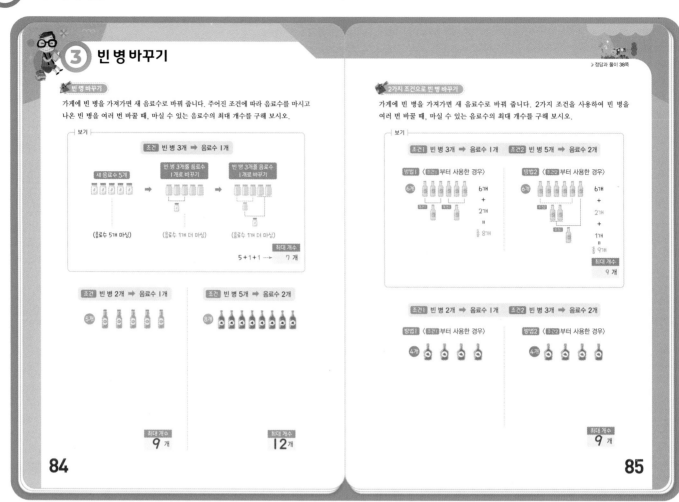

빈병 바꾸기

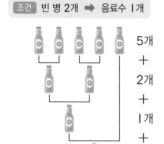

➡ 최대 개수는 $5+2+1+1=9$(개)입니다.

➡ 최대 개수는 $8+2+2=12$(개)입니다.

2가지 조건으로 빈 병 바꾸기

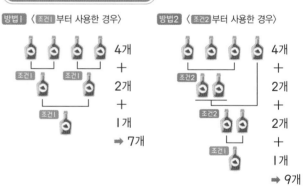

➡ 방법2 로 빈 병 바꾸기를 한 경우 음료수를 최대 9개까지 마실 수 있습니다.

TIP 방법1 의 경우 다음과 같이 빈 병을 바꿀 수도 있습니다.

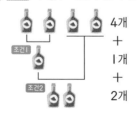

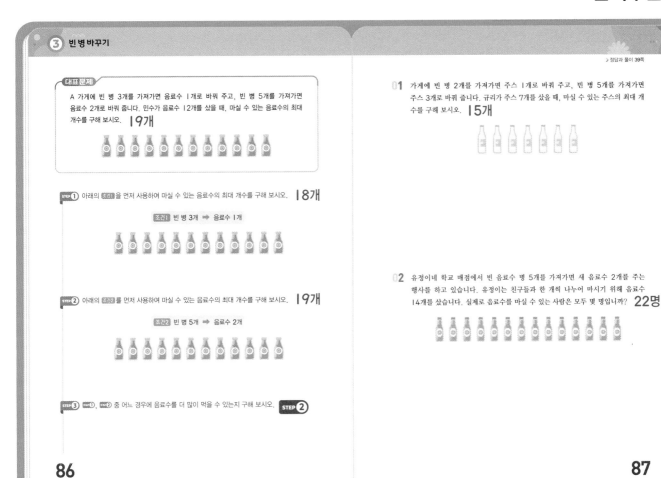

③ 빈 병 바꾸기

대표문제

A 가게에 빈 병 3개를 가져가면 음료수 1개로 바꿔 주고, 빈 병 5개를 가져가면 음료수 2개로 바꿔 줍니다. 민수가 음료수 12개를 샀을 때, 마실 수 있는 음료수의 최대 개수를 구해 보시오. **19개**

STEP① 아래의 조건1 을 먼저 사용하여 마실 수 있는 음료수의 최대 개수를 구해 보시오. **18개**

조건1 빈 병 3개 ➡ 음료수 1개

STEP② 아래의 조건2 를 먼저 사용하여 마실 수 있는 음료수의 최대 개수를 구해 보시오. **19개**

조건2 빈 병 5개 ➡ 음료수 2개

STEP③ STEP①, STEP② 중 어느 경우에 음료수를 더 많이 먹을 수 있는지 구해 보시오. **STEP②**

86

▶정답과 풀이 39쪽

01 가게에 빈 병 2개를 가져가면 주스 1개로 바꿔 주고, 빈 병 5개를 가져가면 주스 3개로 바꿔 줍니다. 규리가 주스 7개를 샀을 때, 마실 수 있는 주스의 최대 개수를 구해 보시오. **15개**

02 유정이네 학교 매점에서 빈 음료수 병 5개를 가져가면 새 음료수 2개를 주는 행사를 하고 있습니다. 유정이는 친구들과 한 개씩 나누어 마시기 위해 음료수 14개를 샀습니다. 실제로 음료수를 마실 수 있는 사람은 모두 몇 명입니까? **22명**

87

대표문제

STEP① 조건1 빈 병 3개 ➡ 음료수 1개

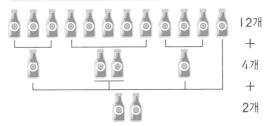

12개
+
4개
+
2개

따라서 마실 수 있는 음료수의 최대 개수는 18개입니다.

STEP② 조건2 빈 병 5개 ➡ 음료수 2개

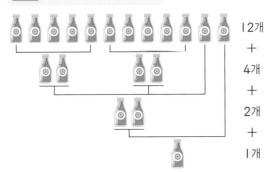

12개
+
4개
+
2개
+
1개

따라서 마실 수 있는 음료수의 최대 개수는 19개입니다.

STEP③ 음료수를 더 많이 먹을 수 있는 경우 STEP② 입니다.

01

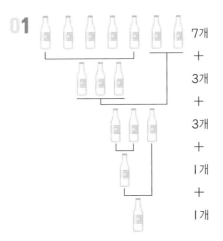

7개
+
3개
+
3개
+
1개
+
1개

따라서 마실 수 있는 주스의 최대 개수는 15개입니다.

02

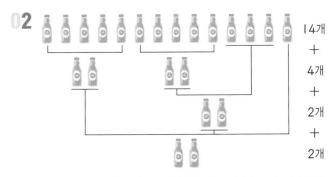

14개
+
4개
+
2개
+
2개

따라서 실제로 음료수를 마실 수 있는 사람은 모두 22명입니다.

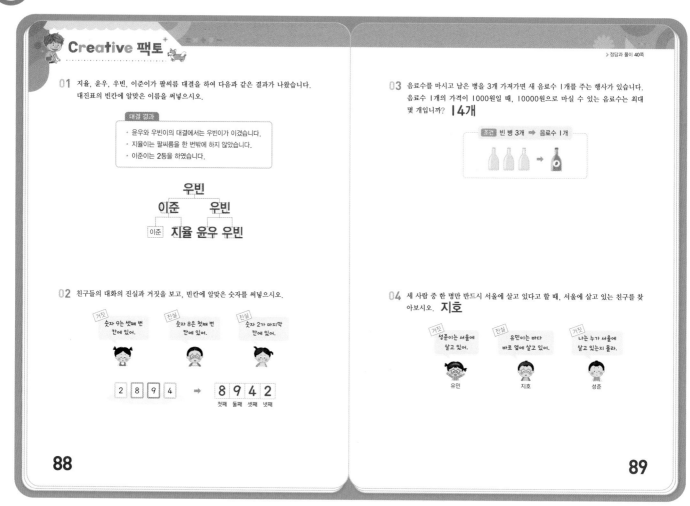

Creative 팩토

> 정답과 풀이 40쪽

01 지율, 윤우, 우빈, 이준이가 팔씨름 대결을 하여 다음과 같은 결과가 나왔습니다. 대진표의 빈칸에 알맞은 이름을 써넣으시오.

대결 결과
- 윤우와 우빈이의 대결에서는 우빈이가 이겼습니다.
- 지율이는 팔씨름을 한 번밖에 하지 않았습니다.
- 이준이는 2등을 하였습니다.

```
              우빈
        ┌──────┴──────┐
       이준          우빈
     ┌──┴──┐      ┌──┴──┐
   이준   지율   윤우   우빈
```

02 친구들의 대화의 진실과 거짓을 보고, 빈칸에 알맞은 숫자를 써넣으시오.

거짓 | 숫자 9는 셋째 번 칸에 있어.
진실 | 숫자 8은 첫째 번 칸에 있어.
진실 | 숫자 2가 마지막 칸에 있어.

2 8 9 4 ➡ **8 9 4 2**
　　　　　　　첫째 둘째 셋째 넷째

03 음료수를 마시고 남은 병을 3개 가져가면 새 음료수 1개를 주는 행사가 있습니다. 음료수 1개의 가격이 1000원일 때, 10000원으로 마실 수 있는 음료수는 최대 몇 개입니까? **14개**

조건 | 빈 병 3개 ➡ 음료수 1개

04 세 사람 중 한 명만 반드시 서울에 살고 있다고 할 때, 서울에 살고 있는 친구를 찾아보시오. **지호**

거짓 | 성준이는 서울에 살고 있어.
진실 | 유민이는 바다 바로 옆에 살고 있어.
거짓 | 나는 누가 서울에 살고 있는지 몰라.

유민　　　지호　　　성준

88

89

01
- 이준이는 2등을 하였습니다.
  ➡ 이준이는 처음 대결에서 이겼습니다.

- 윤우와 우빈이의 대결에서 우빈이가 이겼습니다.
  ➡ 윤우와 우빈이는 처음에 대결하였습니다.
  ➡ 우빈이는 윤우를 이긴 후, 이준이를 이기고 1등을 하였습니다.
- 지율이는 팔씨름을 한 번밖에 하지 않았습니다.
  ➡ 지율이는 이준이와 대결했습니다.

02
- 숫자 8은 첫째 번, 2는 넷째 번 칸에 있습니다.
- 숫자 9가 셋째 번 칸에 있다는 것이 거짓이므로, 숫자 9는 둘째 번 칸에 있습니다.

03 10000원으로 음료수 10개를 살 수 있습니다.

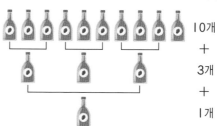

따라서 10000원으로 마실 수 있는 음료수는 최대 14개입니다.

04
- 성준이는 서울에 살고 있다는 말이 거짓이므로 성준이는 서울에 살고 있지 않습니다.
- 유민이는 바다 바로 옆에 살고 있다는 말이 진실이므로 유민이는 서울에 살고 있지 않습니다.
따라서 서울에 살고 있는 사람은 지호입니다.

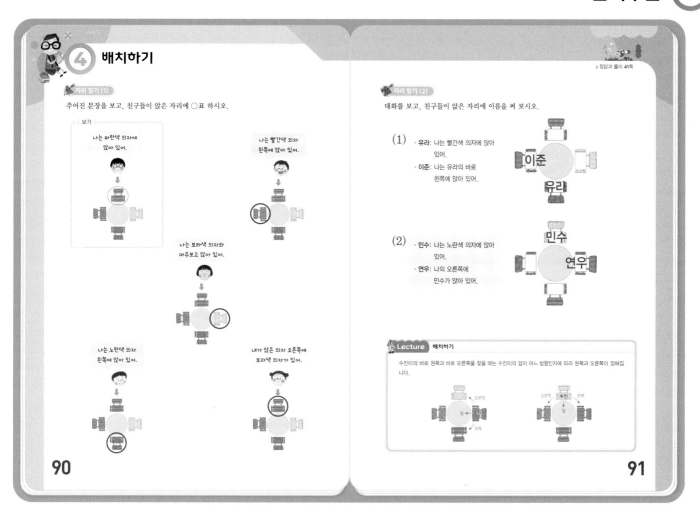

▶ 정답과 풀이 41쪽

자리 찾기 (1)

탁자를 앞에 두고 의자에 앉아 있는 위치를 기준으로 왼쪽과 오른쪽을 찾습니다. 이 경우 의자에서 시계 방향으로 왼쪽, 시계 반대 방향쪽이 오른쪽이 됩니다.

자리 찾기 (2)

(1) 유라는 빨간색 의자에 앉아 있고, 이준이는 유라의 바로 왼쪽에 앉아 있으므로 보라색 의자에 앉아 있습니다.
(2) 민수는 노란색 의자에 앉아 있고, 연우의 오른쪽에 민수가 앉아 있으므로 민수의 왼쪽에 연우가 앉아 있습니다.
따라시 연우는 보라색 의자에 앉아 있습니다.

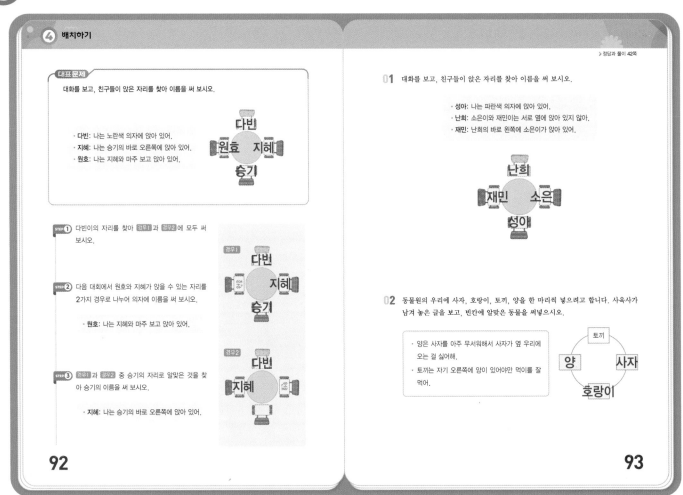

4 배치하기

> 정답과 풀이 42쪽

대표문제

대화를 보고, 친구들이 앉은 자리를 찾아 이름을 써 보시오.

- 다빈: 나는 노란색 의자에 앉아 있어.
- 지혜: 나는 승기의 바로 오른쪽에 앉아 있어.
- 원호: 나는 지혜와 마주 보고 앉아 있어.

다빈 / 원호 / 지혜 / 승기

STEP❶ 다빈이의 자리를 찾아 경우1 과 경우2 에 모두 써 보시오.

경우1 다빈 / 지혜 / 승기

STEP❷ 다음 대화에서 원호와 지혜가 앉을 수 있는 자리를 2가지 경우로 나누어 의자에 이름을 써 보시오.

- 원호: 나는 지혜와 마주 보고 앉아 있어.

경우2 다빈 / 지혜 / 승기

STEP❸ 경우1 과 경우2 중 승기의 자리로 알맞은 것을 찾아 승기의 이름을 써 보시오.

- 지혜: 나는 승기의 바로 오른쪽에 앉아 있어.

01 대화를 보고, 친구들이 앉은 자리를 찾아 이름을 써 보시오.

- 성아: 나는 파란색 의자에 앉아 있어.
- 난희: 소은이와 재민이는 서로 옆에 앉아 있지 않아.
- 재민: 난희의 바로 왼쪽에 소은이가 앉아 있어.

난희 / 재민 / 소은 / 성아

02 동물원의 우리에 사자, 호랑이, 토끼, 양을 한 마리씩 넣으려고 합니다. 사육사가 남겨 놓은 글을 보고, 빈칸에 알맞은 동물을 써넣으시오.

- 양은 사자를 아주 무서워해서 사자가 옆 우리에 오는 걸 싫어해.
- 토끼는 자기 오른쪽에 양이 있어야만 먹이를 잘 먹어.

토끼 / 양 / 사자 / 호랑이

92

93

대표문제

STEP❶ 다빈이는 노란색 의자에 앉아 있있습니다.

STEP❷ 원호와 지혜가 마주 보고 앉아 있으므로 빨간색 의자와 보라색 의자에 앉아 있는 2가지 경우가 있습니다.
경우1 원호: 빨간색 의자, 지혜: 보라색 의자
경우2 원호: 보라색 의자, 지혜: 빨간색 의자

STEP❸ 경우1 승기의 오른쪽에 지혜가 앉아 있으므로 승기는 파란색 의자에 앉아 있습니다. (○)
경우2 승기의 오른쪽에 지혜가 앉아 있으므로 승기는 노란색 의자에 앉아야 하는데 다빈이가 앉아 있으므로 맞지 않습니다. (×)

01 • 성아는 파란색 의자에 앉아 있습니다. 소은이와 재민이는 마주 보고 앉아 있으므로 빨간색 의자와 보라색 의자에 앉아 있는 2가지 경우가 있습니다.
경우1 소은이가 빨간색 의자에 앉아 있는 경우: 재민이는 보라색 의자, 난희는 노란색 의자에 앉아 있어야 합니다. 이 경우 난희의 왼쪽에 소윤이가 앉아 있지 않습니다.(×)
경우2 소은이가 보라색 의자에 앉아 있는 경우: 재민이는 빨간색 의자, 난희는 노란색 의자에 앉아 있습니다. (○)

02 • 양과 사자는 옆에 있을 수 없으므로, 마주 보고 있어야 합니다.
• 토끼의 오른쪽에는 양이 있어야만 합니다.
➡ 그림의 왼쪽 자리에 양, 오른쪽 자리에 사자가 앉게 됩니다. 마지막으로 남은 아래쪽 자리에 호랑이가 앉게 됩니다.

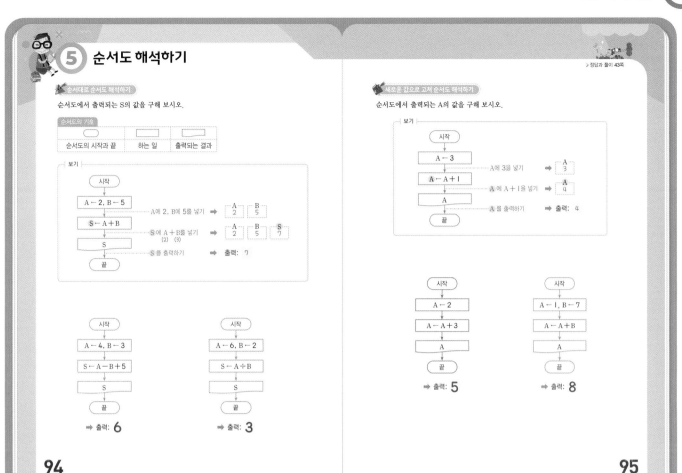

순서대로 순서도 해석하기

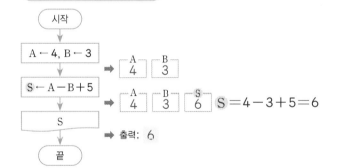

$S=4-3+5=6$

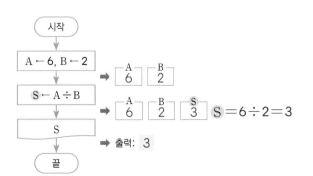

$S=6÷2=3$

새로운 값으로 고쳐 순서도 해석하기

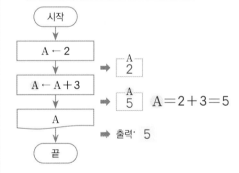

$A=2+3=5$

$A=1+7=8$

정답과 풀이 **43**

⑤ 순서도 해석하기

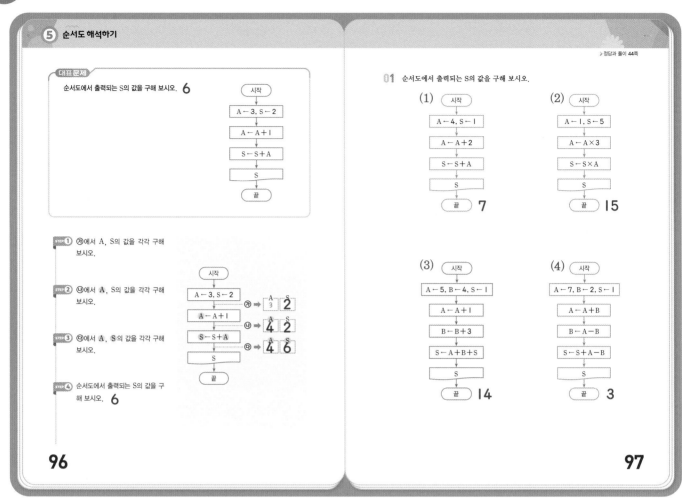

▶ 정답과 풀이 44쪽

대표문제

순서도에서 출력되는 S의 값을 구해 보시오. **6**

STEP 1 ㉮에서 A, S의 값을 각각 구해 보시오.

STEP 2 ㉯에서 A, S의 값을 각각 구해 보시오.

STEP 3 ㉰에서 A, S의 값을 각각 구해 보시오.

STEP 4 순서도에서 출력되는 S의 값을 구해 보시오. **6**

01 순서도에서 출력되는 S의 값을 구해 보시오.

96

97

대표문제

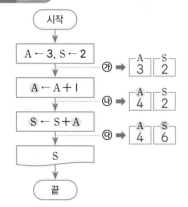

➡ S의 값을 출력하므로 6이 출력됩니다.

01 (1)

(2)

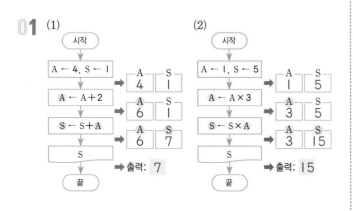

(3)

(4)

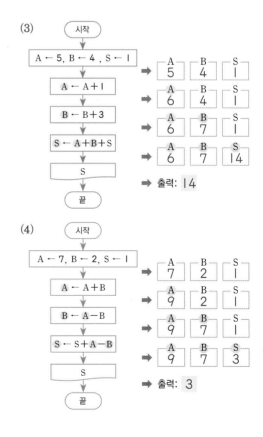

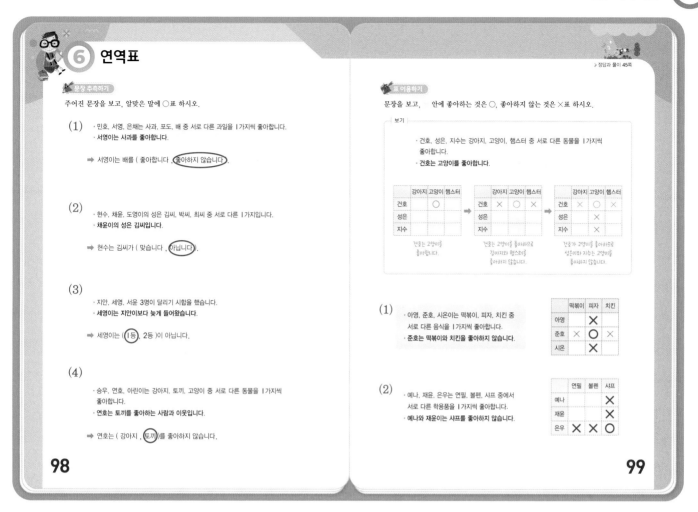

▶정답과 풀이 45쪽

문장 추측하기

(1) 서영이는 사과를 좋아하므로
　　다른 과일은 좋아하지 않습니다.

(2) 채윤이의 성이 김씨이므로
　　현수는 김씨가 아닙니다.

(3) 세영이는 지안이보다 늦게 들어왔으므로
　　1등이 아닙니다.

(4) 연호는 토끼를 좋아하는 사람과 이웃이므로
　　토끼가 아닌 다른 동물을 좋아합니다.

표 이용하기

(1) ・준호는 떡볶이와 치킨을 좋아하지 않으므로
　　　준호가 좋아하는 음식은 피자입니다.
　　・준호가 좋아하는 음식이 피자이므로
　　　아영이와 시온이는 피자를 좋아하지 않습니다.

(2) ・예나와 재윤이는 샤프를 좋아하지 않으므로
　　　샤프를 좋아하는 사람은 은우입니다.
　　・은우는 샤프를 좋아하므로
　　　연필과 볼펜을 좋아하지 않습니다.

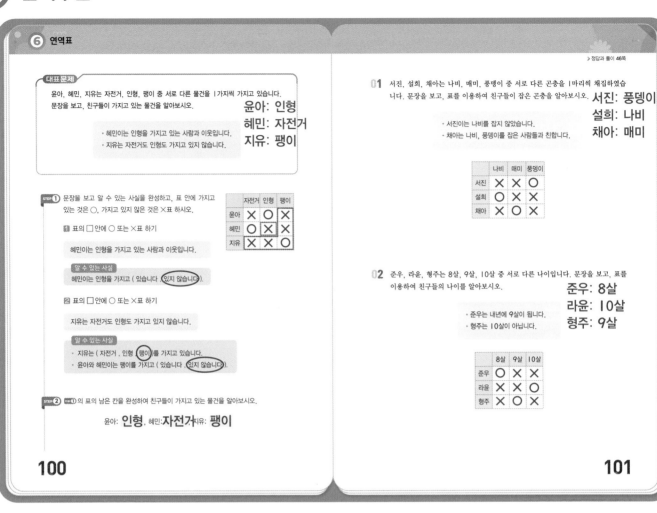

대표 문제

STEP 1 ❶ 혜민이는 인형을 가지고 있지 않습니다.

	자전거	인형	팽이
윤아			
혜민		×	
지유			

❷ 지유는 팽이를 가지고 있습니다.

	자전거	인형	팽이
윤아			×
혜민			×
지유	×	×	○

STEP 2 표의 남은 칸을 보면, 혜민이는 자전거를 가지고 있습니다.

	자전거	인형	팽이
윤아			×
혜민	○	×	×
지유	×	×	○

그러면 윤아는 자전거를 가지고 있지 않으므로, 인형을 가지고 있습니다.

	자전거	인형	팽이
윤아	×	○	×
혜민	○	×	×
지유	×	×	○

01 채아는 나비, 풍뎅이를 잡은 사람들과 친하므로, 나비, 풍뎅이를 잡지 않았습니다
➡ 채아는 매미를 잡았습니다.

	나비	매미	풍뎅이
서진		×	
설희		×	
채아	×	○	×

• 서진이는 나비를 잡지 않았고, (채아가 잡은) 매미도 잡지 않았으므로 풍뎅이를 잡았습니다.
• 설희는 매미도, 풍뎅이도 잡지 않았으므로 나비를 잡았습니다.

	나비	매미	풍뎅이
서진	×	×	○
설희	○	×	×
채아	×	○	×

02 • 준우는 내년에 9살이 되므로 준우는 8살입니다.
• 형주는 10살이 아니므로 형주는 9살입니다.
따라서 라윤이는 10살입니다.

	8살	9살	10살
준우	○	×	×
라윤	×	×	○
형주	×	○	×

Creative 팩토⁺

▶ 정답과 풀이 47쪽

01 문장을 보고, 도윤이와 마주 보고 앉은 사람을 찾아 이름을 써 보시오. **재진**

- 도윤이와 나윤이는 빨간색 의자에 앉아 있습니다.
- 시현이의 왼쪽에는 재진이가 앉아 있습니다.
- 도윤이의 왼쪽에는 시현이가 앉아 있습니다.

02 순서도에서 |이 출력되었습니다.   안에 알맞은 수를 써넣으시오.

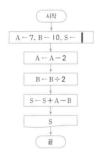

03 연진이와 아버지, 어머니 세 사람은 기르는 강아지에게 각각 아침, 점심, 저녁으로 밥을 I번씩 주기로 하였습니다. 문장을 보고, 표를 이용하여 누가 언제 강아지에게 밥을 줘야 하는지 알아보시오.

- 아버지는 아침에 너무 바쁘셔서 아침 식사도 거르고 출근하십니다.
- 점심 때 집에 있는 사람은 어머니밖에 없습니다.

	아침	점심	저녁
연진	O	X	X
아버지	X	X	O
어머니	X	O	X

아침: 연진
점심: 어머니
저녁: 아버지

04 대화를 보고, 친구들이 앉은 자리를 찾아 이름을 써 보시오.

- 우빈: 나는 서아의 바로 왼쪽에 앉아 있어.
- 민재: 서아와 유미는 서로 마주 보고 앉아 있어.
- 서아: 민재는 내 바로 오른쪽 보라색 의자에 앉아 있어.

민재
유미 서아
우빈

102

103

01
- 도윤이와 나윤이는 빨간색 의자에 앉아 있습니다.
- 도윤이의 왼쪽에는 시현이가 있습니다.
  ➡ 도윤이의 왼쪽에 있는 의자는 빨간색이 아니어야 합니다.
  따라서 도윤이는 탁자의 오른쪽에 있는 빨간색 의자에 앉아 있습니다.
- 시현이의 왼쪽에는 재진이가 있습니다.

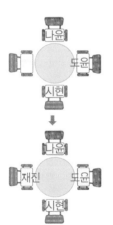

02

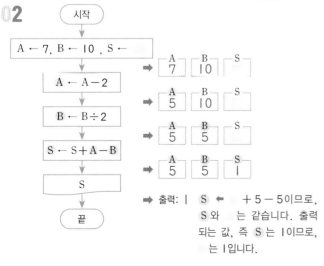

➡ 출력: | S ←   + 5 − 5이므로, S와 는 같습니다. 출력되는 값, 즉 S는 I이므로, 는 I입니다.

03
- 아버지는 아침에 너무 바쁘셔서 아침 식사도 거르고 출근하십니다.
  ➡ 아버지는 아침에 줄 수 없습니다.
- 점심 때 집에 있는 사람은 어머니밖에 없습니다.
  ➡ 어머니만 점심을 줄 수 있습니다.
  ➡ 어머니는 점심에 주고, 아버지는 아침에 줄 수 없으므로, 아침에 줄 수 있는 사람은 연진이입니다.
  ➡ 아버지는 아침과 점심에 줄 수 없으므로 저녁에 줄 수 있습니다.

	아침	점심	저녁
연진			
아버지	X		
어머니		O	

	아침	점심	저녁
연진		X	
아버지	X	X	
어머니	X	O	X

	아침	점심	저녁
연진	O	X	X
아버지	X	X	O
어머니	X	O	X

04
- 서아: 민재는 내 바로 오른쪽 보라색 의자에 앉아 있어.
  ➡ 서아는 파란색 의자에 앉아 있습니다.
- 우빈: 나는 서아의 바로 왼쪽에 앉아 있어.
  ➡ 우빈이는 빨간색 의자에 앉아 있습니다.
- 민재: 서아와 유미는 서로 마주 보고 앉아 있어.
  ➡ 유미는 노란색 의자에 앉아 있습니다.

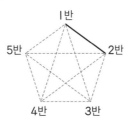

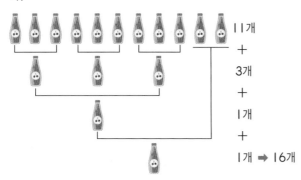

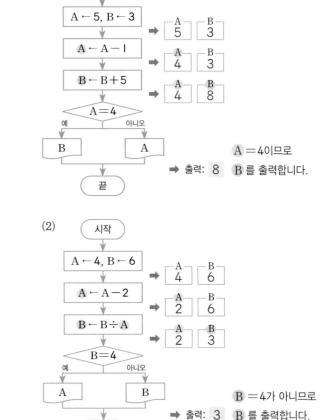

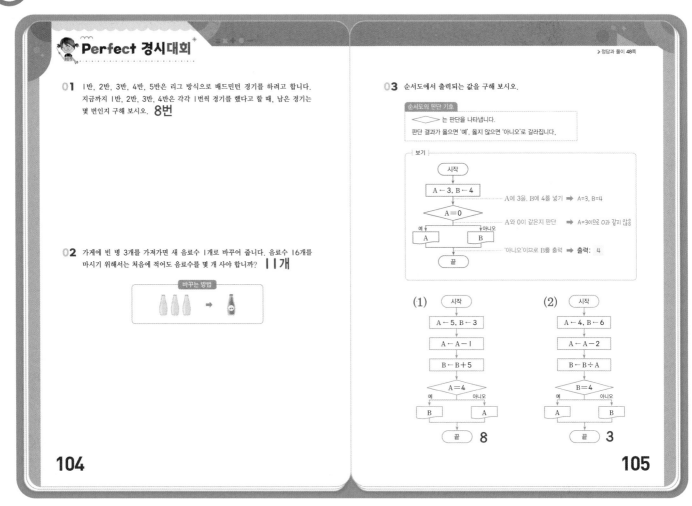

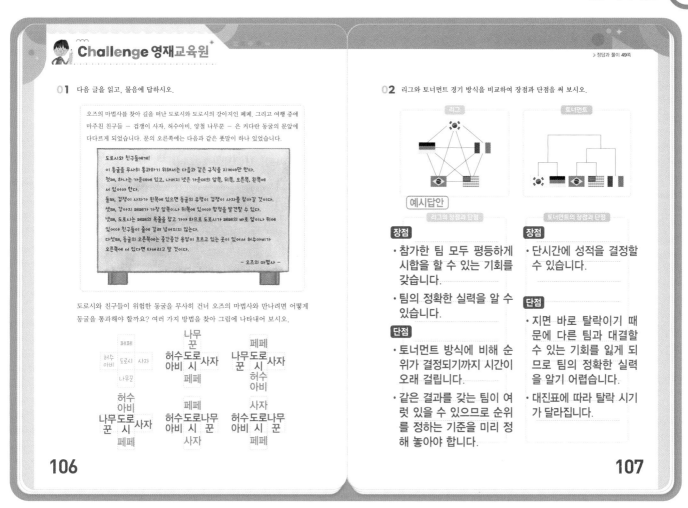

▶정답과 풀이 49쪽

01 다음 글을 읽고, 물음에 답하시오.

오즈의 마법사를 찾아 길을 떠난 도로시와 도로시의 강아지인 페페, 그리고 여행 중에 마주친 친구들 – 겁쟁이 사자, 허수아비, 양철 나무꾼 – 은 커다란 동굴의 문앞에 다다르게 되었습니다. 문의 오른쪽에는 다음과 같은 푯말이 하나 있었습니다.

도로시와 친구들에게!

이 동굴을 무사히 통과하기 위해서는 다음과 같은 규칙을 지켜야만 한다.
첫째, 하나는 가운데에 있고, 나머지 넷은 가운데의 앞쪽, 뒤쪽, 오른쪽, 왼쪽에 서 있어야 한다.
둘째, 겁쟁이 사자가 왼쪽에 있으면 동굴의 유령이 겁쟁이 사자를 잡아갈 것이다.
셋째, 강아지 페페가 가장 앞쪽이나 뒤쪽에 있어야 함정을 발견할 수 있다.
넷째, 도로시는 페페의 목줄을 잡고 가야 하므로 도로시가 페페의 바로 앞이나 뒤에 있어야 친구들이 줄에 걸려 넘어지지 않는다.
다섯째, 동굴의 오른쪽에는 중간중간 용암이 흐르고 있는 곳이 있어서 허수아비가 오른쪽에 서 있다면 타버리고 말 것이다.

— 오즈의 마법사 —

도로시와 친구들이 위험한 동굴을 무사히 건너 오즈의 마법사와 만나려면 어떻게 동굴을 통과해야 할까요? 여러 가지 방법을 찾아 그림에 나타내어 보시오.

	페페	
허수아비	도로시 사자	
	나무꾼	

	나무꾼	
허수아비	도로시 사자	
	페페	

	페페	
나무꾼	도로시 사자	
	허수아비	

	허수아비	
나무꾼	도로시 사자	
	페페	

	페페	
허수아비	도로시 나무꾼	
	사자	

	사자	
허수아비	도로시 나무꾼	
	페페	

106

02 리그와 토너먼트 경기 방식을 비교하여 장점과 단점을 써 보시오.

예시답안

리그의 장점과 단점

장점
· 참가한 팀 모두 평등하게 시합을 할 수 있는 기회를 갖습니다.
· 팀의 정확한 실력을 알 수 있습니다.

단점
· 토너먼트 방식에 비해 순위가 결정되기까지 시간이 오래 걸립니다.
· 같은 결과를 갖는 팀이 여럿 있을 수 있으므로 순위를 정하는 기준을 미리 정해 놓아야 합니다.

토너먼트의 장점과 단점

장점
· 단시간에 성적을 결정할 수 있습니다.

단점
· 지면 바로 탈락이기 때문에 다른 팀과 대결할 수 있는 기회를 잃게 되므로 팀의 정확한 실력을 알기 어렵습니다.
· 대진표에 따라 탈락 시기가 달라집니다.

107

01 규칙을 정리하면 다음과 같습니다.
· 페페는 앞쪽 또는 뒤쪽에 있어야 합니다.
· 도로시는 항상 가운데에 있어야 합니다.
· 사자는 왼쪽에 있을 수 없습니다.
· 허수아비는 오른쪽에 있을 수 없습니다.
➡ 왼쪽에는 허수아비 또는 나무꾼이 있을 수 있습니다.
오른쪽에는 나무꾼 또는 사자가 있을 수 있습니다.

도로시와 페페의 자리를 먼저 정하고, 나무꾼, 허수아비, 사자가 앞쪽 또는 뒤쪽에 오는 경우를 생각하여 세어 보면 모두 6가지 방법이 있습니다.

02 이외에도 여러 가지 장단점이 있습니다.

평가

형성평가 연산 영역

01 계산기로 다음과 같이 계산할 때 ⊞ 버튼을 한 번 누르지 않아 계산 결과가 56이 나왔습니다. 누르지 않은 ⊞ 버튼에 ○표 하시오.

$$2 + 3 + 4 \textcircled{+} 5 + 6 = 56$$

02 안에 알맞은 숫자를 써넣어 덧셈식을 완성해 보시오.

$$\begin{array}{r} 4\,7\,6 \\ +\ \ 5\,8 \\ \hline 5\,3\,4 \end{array}$$

03 다음 식에서 ●, ▲, ◆이 나타내는 숫자를 각각 구해 보시오. (단, 같은 모양은 같은 숫자를, 다른 모양은 다른 숫자를 나타냅니다.)

$$\begin{array}{r} \bullet\ \blacktriangle\ \blacklozenge \\ +\ \bullet\ \blacklozenge\ \blacklozenge \\ \hline 3\ \blacklozenge\ 4 \end{array}$$

●=1, ▲=9, ◆=7

04 안에 연산 기호 +, -를 써넣어 식을 완성해 보시오.

$$6 + 5 + 4 + 3 + 2 + 1 = 21$$
$$6 + 5 + 4 + 3 + 2 - 1 = 19$$
$$6 + 5 + 4 + 3 - 2 + 1 = 17$$
예시답안 $6 + 5 + 4 - 3 + 2 + 1 = 15$

2

3

---

01 5와 6 사이의 ⊞를 지우면 합이 56보다 커지므로 나머지 연산 기호에서 찾아봅니다.
- 2와 3 사이의 ⊞를 누르지 않는 경우:
  $23 + 4 + 5 + 6 = 38$ (×)
- 3과 4 사이의 ⊞를 누르지 않는 경우:
  $2 + 34 + 5 + 6 = 47$ (×)
- 4와 5 사이의 ⊞를 누르지 않는 경우:
  $2 + 3 + 45 + 6 = 56$ (○)

02
$$\begin{array}{r} {}^{1} \\ 4\ \ \,6 \\ +\ \ 5\,8 \\ \hline 3\,4 \end{array} \Rightarrow \begin{array}{r} {}^{1\ 1} \\ 4\,7\,6 \\ +\ \ 5\,8 \\ \hline 3\,4 \end{array} \Rightarrow \begin{array}{r} {}^{1} \\ 4\,7\,6 \\ +\ \ 5\,8 \\ \hline 5\,3\,4 \end{array}$$

03 백의 자리 계산에서 ●과 ●의 합이 3이 되려면 ●은 1이고, 십의 자리 계산에서 받아올림이 있어야 합니다.
일의 자리 계산에서 ◆+◆이 4 또는 14가 되어야 하므로 ◆=2 또는 ◆=7입니다. ◆=2인 경우 십의 자리 계산에서 받아올림이 없게 되므로 알맞지 않습니다.
◆=7이고, 1+▲+7=17에서 ▲=9입니다.

04
- 계산 결과가 21이 되려면
  $6+5+4+3+2+1=21$이면 됩니다.
- 계산 결과가 19가 되려면 21보다 2만큼 더 작아야 하므로 +1을 -1로 바꿔야 합니다.
  → $6+5+4+3+2-1=19$
- 계산 결과가 17이 되려면 21보다 4만큼 더 작아야 하므로 +2를 -2로 바꿔야 합니다.
  → $6+5+4+3-2+1=17$
- 계산 결과가 15가 되려면 21보다 6만큼 더 작아야 하므로 +3을 -3으로 바꿔야 합니다.
  → $6+5+4-3+2+1=15$
  또는 +2, +1을 -2, -1로 바꿔도 됩니다.
  → $6+5+4+3-2-1=15$

형성평가 연산 영역

5 주어진 5장의 숫자 카드 중 4장을 사용하여 덧셈식과 뺄셈식을 만들려고 합니다. 덧셈식과 뺄셈식의 계산 결과가 가장 클 때의 값을 각각 구해 보시오.

$$\boxed{1}\;\boxed{0}\;\boxed{6}\;\boxed{3}\;\boxed{4}$$

$$\begin{array}{r} 6\,3 \\ +\,4\,1 \\ \hline 1\,0\,4 \end{array}$$

$$\begin{array}{r} 6\,4 \\ -\,1\,0 \\ \hline 5\,4 \end{array}$$

또는
$$\begin{array}{r} 6\,1 \\ +\,4\,3 \\ \hline 1\,0\,4 \end{array}$$

6 1부터 9까지의 숫자 중 서로 다른 숫자로 이루어진 덧셈식입니다. 　안에 알맞은 숫자를 써넣어 덧셈식을 완성해 보시오.

$$\begin{array}{r} 8\;^{5} \\ +\,3\,9 \\ \hline 1\;2\;4 \end{array}$$
또는
$$\begin{array}{r} 3\;^{5} \\ +\,8\,9 \\ \hline 1\,2\,4 \end{array}$$

7 ●은 같은 숫자를 나타낼 때, ●이 나타내는 숫자를 구해 보시오. 5

$$●+●+●+●+●+●+●=3●$$

8 다음 식에서 ★이 나타내는 수를 구해 보시오. (단, 같은 모양은 같은 수를, 다른 모양은 다른 수를 나타냅니다.) 6

$$\begin{array}{l} ◆×◆=◆+◆ \\ ◆×◆=■ \\ ■+■=▲ \\ ▲-★=◆ \end{array}$$

4

5

05 • 6>4>3>1>0이므로 6과 4를 십의 자리에 놓고, 3과 1을 일의 자리에 놓습니다.

$$\begin{array}{r} 6\,3 \\ +\,4\,1 \\ \hline 1\,0\,4 \end{array}$$
또는
$$\begin{array}{r} 6\,1 \\ +\,4\,3 \\ \hline 1\,0\,4 \end{array}$$

• 만들 수 있는 가장 큰 수는 64, 가장 작은 수는 10입니다.

$$\begin{array}{r} 6\,4 \\ -\,1\,0 \\ \hline 5\,4 \end{array}$$

06
$$\begin{array}{r} 1\; \\ ^{5} \\ +\;9 \\ \hline 1\,2\,4 \end{array}$$
➡
$$\begin{array}{r} 1\; \\ 8\;^{5} \\ +\,3\,9 \\ \hline 1\,2\,4 \end{array}$$
또는
$$\begin{array}{r} 1\; \\ 3\;^{5} \\ +\,8\,9 \\ \hline 1\,2\,4 \end{array}$$

07 같은 수를 7번 더한 값의 십의 자리 숫자가 3이 되는 경우는 5를 7번 더했을 때입니다.

08 ◆×◆=◆+◆ ➡ ◆=2
◆×◆=■, 2×2=■ ➡ ■=4
■+■=▲, 4+4=▲ ➡ ▲=8
■-★=◆, 8-★=2 ➡ ★=6

평가

09 안에 연산 기호 +, −를 써넣어 2가지 방법으로 식을 완성해 보시오.

방법1 $6 + 2 + 5 = 15 - 4 + 2$

방법2 $6 - 2 + 5 = 15 - 4 - 2$

10 4부터 9까지의 숫자를 한 번씩만 사용하여 다음 식을 만들 때, 계산 결과가 가장 클 때의 값을 구해 보시오. **138**

$$□□ - □□ + □□$$

수고하셨습니다!

6

정답과 풀이 60쪽 ▶

---

09 $6 + 2 + 5 = 13$이므로
15에서 4를 뺀 후 2를 더하면 됩니다.
➡ $6 + 2 + 5 = 15 - 4 + 2$
$6 - 2 + 5 = 9$이므로
15에서 4를 뺀 후 2를 빼면 됩니다.
➡ $6 - 2 + 5 = 15 - 4 - 2$

10 계산 결과를 가장 크게 하려면 더해지는 수와 더하는 수는 크게, 빼는 수는 가장 작게 만들어야 합니다.
4부터 9까지의 숫자로 만들 수 있는 가장 작은 두 자리 수는 45입니다.
6, 7, 8, 9의 수로 (두 자리 수) + (두 자리 수)의 합을 가장 크게 하려면 십의 자리에는 큰 수가, 일의 자리에는 작은 수가 와야 합니다.
그러므로 더하는 두 수는 97과 86 또는 96과 87입니다.
따라서 계산 결과가 가장 크게 되도록 식을 만들면
$97 - 45 + 86 = 138$ 또는 $96 - 45 + 87 = 138$입니다.

형성평가 공간 영역

1 다음 모양을 만들기 위해 필요한 ㉮, ㉯ 블록은 각각 몇 개인지 구해 보시오.

㉮: **2개**, ㉯: **5개**

블록

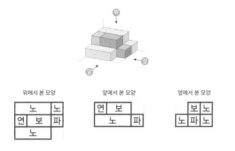

2 블록으로 쌓은 모양을 보고, 위, 앞, 옆에서 본 모양을 그린 후 각 칸에 알맞은 색깔을 써 보시오. (단, 노랑은 '노', 보라는 '보', 연두는 '연', 파랑은 '파'로 써 보시오.)

위에서 본 모양

	노	노
연	보	파
	노	

앞에서 본 모양

연	보	
	노	파

옆에서 본 모양

보	노
노	파	노

8

3 다음 중 다른 주사위 한 개를 찾아 기호를 써 보시오. (단, 주사위의 마주 보는 두 면의 눈의 수의 합은 7입니다.) **㉰**

㉮   ㉯   ㉰

4 서로 다른 3개의 조각으로 만든 모양을 보고 나머지 2개의 조각을 찾아 기호를 써 보시오. **㉮, ㉰**

㉮   ㉯   ㉰   ㉱

9

01 왼쪽 모양에서 분홍색 블록이 없을 때의 모습을 생각해 봅니다.

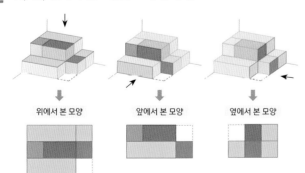

오른쪽 모양에서 노란색 블록은 2개, 보라색 블록은 2개이므로 주어진 모양을 만들기 위해 필요한 노란색 블록은 2개, 보라색 블록은 5개입니다.

02 위, 앞, 옆에서 본 모양을 그려 봅니다.

위에서 본 모양   앞에서 본 모양   옆에서 본 모양

03 눈의 수 1, 2, 3이 모여 있는 주사위의 꼭짓점을 찾아 회전 방향을 표시해 봅니다.

㉮ 3   ㉯   ㉰
2   3   3
          2   2
→ 우회선   → 우회전   → 좌회전

04 주어진 모양은 다음 3개의 조각으로 만들 수 있습니다.

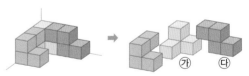
㉮   ㉰

평가

05 구멍 뚫린 색종이 3장을 겹친 모양을 보고 가장 위에 있는 색종이부터 차례로 1, 2, 3을 써 보시오. (단, 주어진 색종이를 돌리거나 뒤집지 않습니다.)

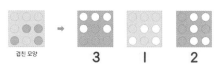

겹친 모양

3　　**1**　　**2**

06 다음과 같이 색종이를 2번 접어 검은색으로 칠한 부분을 잘랐습니다. 색종이를 펼쳤을 때 잘려진 부분에 색칠해 보시오.

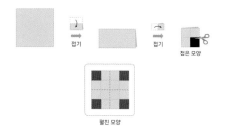

접기　　접기　　접은 모양

펼친 모양

07 다음 모양을 만들기 위해 필요한 ㉮, ㉯ 블록은 각각 몇 개인지 구해 보시오.

블록

㉮　㉯

㉮: 2개, ㉯: 5개

08 블록으로 쌓은 모양을 보고 위에서 본 모양을 그린 후 각 칸에 알맞은 색깔을 써 보시오. (단, 노랑은 '노', 보라는 '보', 연두는 '연', 파랑은 '파'로 써 보시오.)

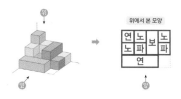

위에서 본 모양

연	노	보	노
노	파	보	파
연			

10

11

---

05 겹친 모양에서 노란색 색종이가 가장 위에 있습니다.

또한 위의 그림과 같이 노란색 색종이의 ◯ 표시된 구멍의 위치에서 보면 분홍색과 파란색 색종이가 모두 막혀 있는데 겹친 모양에서 파란색이 보이므로 둘째 번으로 놓은 것은 파란색 색종이, 셋째 번으로 놓은 것은 분홍색 색종이입니다.

06 접은 순서와 반대로 펼친 모양을 생각하여 그립니다. 잘려진 부분은 접은 선을 기준으로 대칭입니다.

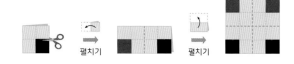

펼치기　　펼치기

07 왼쪽 모양에서 분홍색 블록이 없을 때의 모습을 생각해 봅니다.

오른쪽 모양에서 파란색 블록은 3개, 연두색 블록은 2개이 므로 주어진 모양을 만들기 위해 필요한 연두색 블록은 2개, 파란색 블록은 5개입니다.

08 주어진 모양을 위에서 본 모양은 다음과 같습니다.

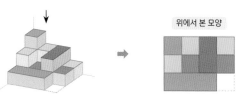

위에서 본 모양

형성평가 공간 영역

9 구멍 뚫린 색종이 3장을 겹친 후 다음 종이 위에 올려놓을 때, 보이는 수를 모두 더한 값을 구해 보시오. (단, 주어진 색종이를 돌리거나 뒤집지 않습니다.) **8**

1	2	3
4	5	6
7	8	9

10 주어진 주사위를 굴렸을 때 분홍색으로 칠한 면의 눈의 수를 구해 보시오.
(단, 주사위의 마주 보는 두 면의 눈의 수의 합은 7입니다.) **5**

굴리기 전 주사위   굴린 후 주사위

수고하셨습니다!

12

정답과 풀이 53쪽 ▶

---

9 색종이 3장 모두 구멍이 뚫려 있는 곳은 다음과 같으므로 보이는 수는 3, 5이고 합은 3＋5＝8입니다.

10 주사위의 각 면의 눈의 수를 알아보고, 어떻게 굴렸는지 생각하여 색칠한 면의 눈의 수를 구합니다.

5 ↘ 3

시계 반대 방향으로
반의반 바퀴 돌림

1

평가

01 윤민이네 반 친구들 10명이 토너먼트 방식으로 팔씨름 경기를 하려고 할 때, 총 경기 수를 구해 보시오. **9번**

02 친구들의 대화의 진실과 거짓을 보고, 과자를 먹은 사람 1명을 찾아보시오. **시우**

거짓
현준이는 과자를 먹었어.
시우

거짓
시우는 과자를 먹지 않았어.
민서

진실
나는 과자를 먹지 않았어.
현준

03 하윤이네 학교 매점에서 빈 음료수 병 3개를 가져가면 새 음료수 1개를 주는 행사를 하고 있습니다. 하윤이는 친구들과 한 개씩 나누어 마시기 위해 음료수 13개를 샀습니다. 실제로 음료수를 마실 수 있는 사람은 모두 몇 명입니까? **19명**

04 대화를 보고, 친구들이 앉은 자리를 찾아 이름을 써 보시오.

· 지우: 예원이는 내 왼쪽에 앉아 있어.
· 예원: 지우와 시윤이는 바로 옆에 앉아 있지 않아.
· 윤슬: 나는 노란색 의자에 앉아 있어.

윤슬
시윤   지우
예원

14

15

01
```
            9
    6            8
        2    7       5
  1        3    4
[1][2][3][4][5][6][7][8][9][10]
```

TIP 토너먼트 대진표는 여러 가지 방법으로 그릴 수 있습니다.

02 · 현준이가 과자를 먹었다는 말이 거짓이므로 현준이는 과자를 먹지 않았습니다.
· 시우가 과자를 먹지 않았다는 말이 거짓이므로 시우는 과자를 먹었습니다.
따라서 과자를 먹은 사람은 시우입니다.

03

13개
+
4개
+
1개
+
1개

따라서 실제로 음료수를 마실 수 있는 사람은 모두 19명입니다.

04 · 윤슬이는 노란색 의자에 앉아 있습니다.
· 지우와 시윤이는 바로 옆에 앉아 있지 않으므로 다음과 같은 2가지 경우가 있습니다.

경우1 지우가 빨간색 의자에 앉아 있는 경우 시윤이는 보라색 의자, 예원이는 노란색 의자에 앉아 있습니다. (×)

경우2 지우가 보라색 의자에 앉아 있는 경우 시윤이는 빨간색 의자, 예원이는 파란색 의자에 앉아 있습니다. (○)

형성평가 논리추론 영역

05 순서도에서 출력되는 S의 값을 구해 보시오. **7**

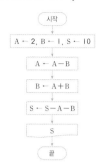

시작
A ← 2, B ← 1, S ← 10
A ← A−B
B ← A+B
S ← S−A−B
S
끝

06 재원, 서현, 유주는 딸기 맛, 초코 맛, 녹차 맛 중 서로 다른 아이스크림을 1개씩 먹었습니다. 문장을 보고, 표를 이용하여 친구들이 먹은 아이스크림을 알아보시오.

· 서현이는 녹차 맛을 먹지 않았습니다.
· 유주는 초코 맛, 녹차 맛을 먹은 사람들과 친합니다.

재원: 녹차 맛
서현: 초코 맛
유주: 딸기 맛

	딸기 맛	초코 맛	녹차 맛
재원	X	X	O
서현	X	O	X
유주	O	X	X

07 친구들의 대화의 진실과 거짓을 보고, 컵을 깬 범인 1명을 찾아보시오. **예희**

연우: 수민이가 컵을 깼어. 거짓
예희: 나는 누가 컵을 깼는지 알아. 진실
수민: 예희는 컵을 깨지 않았어. 거짓

08 가게에 빈 병 3개를 가져가면 주스 1개로 바꿔 주고, 빈 병 5개를 가져가면 주스 3개로 바꿔 줍니다. 소율이가 주스 11개를 샀을 때, 마실 수 있는 주스의 최대 개수를 구해 보시오. **24개**

16

17

05
시작
A ← 2, B ← 1, S ← 10
A ← A−B
B ← A+B
S ← S−A−B
S
끝

A	B	S
2	1	10
1	1	10
1	2	10
1	2	7

➡ 출력: 7

06
· 유주는 초코 맛, 녹차 맛을 먹은 사람들과 친합니다.
  ➡ 유주는 초코 맛, 녹차 맛을 먹지 않았으므로 딸기 맛을 먹었습니다.

	딸기 맛	초코 맛	녹차 맛
재원	X		
서현	X		
유주	O	X	X

· 서현이는 녹차 맛을 먹지 않았습니다.
  ➡ 서현이는 딸기 맛도 먹지 않았으므로 초코 맛을 먹었습니다.

	딸기 맛	초코 맛	녹차 맛
재원	X		
서현	X	O	X
유주	O	X	X

따라서 재원이는 녹차 맛을 먹었습니다.

	딸기 맛	초코 맛	녹차 맛
재원	X	X	O
서현	X	O	X
유주	O	X	X

07
· 수민이가 컵을 깼다는 말이 거짓이므로 수민이는 컵을 깨지 않았습니다.
· 예희가 컵을 깨지 않았다는 말이 거짓이므로 컵을 깬 사람은 예희입니다.

08
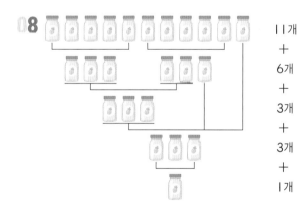

11개
+
6개
+
3개
+
3개
+
1개

따라서 마실 수 있는 주스의 최대 개수는 24개입니다.

09 민서, 이한, 도연이는 각각 1살 차이가 납니다. 문장을 보고, 표를 이용하여 친구들의 나이를 알아보시오. **민서: 9살, 이한: 10살, 도연: 11살**

- 민서는 내년에 10살이 됩니다.
- 이한이는 11살이 아닙니다.

	9살	10살	11살
민서	○	×	×
이한	×	○	×
도연	×	×	○

10 강빈, 시호, 유준, 민율이가 테니스 경기를 하여 다음과 같은 결과가 나왔습니다. 대진표의 빈칸에 알맞은 이름을 써넣으시오.

경기 결과

- 유준이는 경기를 한 번밖에 하지 않았습니다.
- 강빈이는 2등을 하였습니다.
- 시호와 민율이의 대결에서 민율이가 이겼습니다.

민율
민율   강빈
시호 민율 강빈 유준

수고하셨습니다!

18

정답과 풀이 56쪽 ▶

---

09 · 민서는 내년에 10살이 되므로 9살입니다.
· 이한이는 11살이 아니므로 10살입니다.
따라서 도연이는 11살입니다.

	9살	10살	11살
민서	○	×	×
이한	×	○	×
도연	×	×	○

10 · 강빈이는 2등을 하였습니다.
➡ 강빈이는 처음 대결에서 이겼습니다.

강빈

강빈

· 시호와 민율이의 대결에서 민율이가 이겼습니다.
➡ 시호와 민율이는 처음에 대결합니다.
➡ 민율이는 시호를 이긴 후, 강빈이를 이기고 1등을 하였습니다.
➡ 유준이는 경기를 한 번밖에 하지 않았으므로 강빈이와 대결하였습니다.

총괄평가

01 숫자 카드 1, 4, 5, 7, 8 을 모두 사용하여 다음 덧셈식을 만들 때, 합이 가장 클 때의 값을 구해 보시오. **925**

$$\square\square\square + \square\square$$

02 다음 식에서 ▲과 ●이 나타내는 수를 각각 구해 보시오. (단, 같은 모양은 같은 수를, 다른 모양은 다른 수를 나타내고, ▲은 ●보다 큰 수입니다.) **▲=6, ●=5**

$$▲+●=11$$
$$▲×●=30$$

03 계산기로 다음과 같이 계산할 때 + 버튼을 한 번 누르지 않아 계산 결과가 70이 나왔습니다. 누르지 않은 + 버튼에 ○표 하시오.

$$3 + 4 + 5 ⊕ 6 + 7 = 70$$

04 다음에서 같은 모양은 같은 수를, 다른 모양은 다른 수를 나타냅니다. 가로와 세로의 같은 줄에 있는 수를 더해 빈칸에 알맞은 수를 써넣으시오.

♣	♣	♣	5
♣	♣	★	8
♣	★	★	11
9	6	9	

20

21

---

01 (세 자리 수)+(두 자리 수)의 합이 가장 크려면 백의 자리에 가장 큰 수를 넣어야 하므로 백의 자리에는 8 을 넣어야 합니다. 그다음 큰 수 2개를 십의 자리에 넣고, 남은 수 2개를 일의 자리에 넣으면 다음과 같습니다.

$$\begin{array}{r} 8\,7\,4 \\ +\ \ 5\,1 \\ \hline 9\,2\,5 \end{array}$$ 또는 $$\begin{array}{r} 8\,7\,1 \\ +\ \ 5\,4 \\ \hline 9\,2\,5 \end{array}$$ 또는

$$\begin{array}{r} 8\,5\,4 \\ +\ \ 7\,1 \\ \hline 9\,2\,5 \end{array}$$ 또는 $$\begin{array}{r} 8\,5\,1 \\ +\ \ 7\,4 \\ \hline 9\,2\,5 \end{array}$$

02 ▲+●=11, ▲×●=30이므로 표로 나타내어 ▲과 ●이 나타내는 수를 구합니다.

▲이 나타내는 수	10	9	8	7	6
●이 나타내는 수	1	2	3	4	5
▲+●의 값	11	11	11	11	11
▲×●의 값	10	18	24	28	30

따라서 ▲=6, ●=5입니다.

03
• 3과 4 사이의 + 를 누르지 않은 경우: 34+5+6+7=52 (×)
• 4와 5 사이의 + 를 누르지 않은 경우: 3+45+6+7=61 (×)
• 5와 6 사이의 + 를 누르지 않은 경우: 3+4+56+7=70 (○)
• 6과 7 사이의 + 를 누르지 않은 경우: 3+4+5+67=79 (×)

04
• ♣+♣+♣=9 ➡ ♣=3
• ♣+♠+♠=5, 3+♠+♠=5 ➡ ♠=1
• ♣+♠+★=8, 3+1+★=8 ➡ ★=4
• ♣=3, ♠=1, ★=4를 이용하여 빈칸에 알맞은 수를 구합니다.

평가

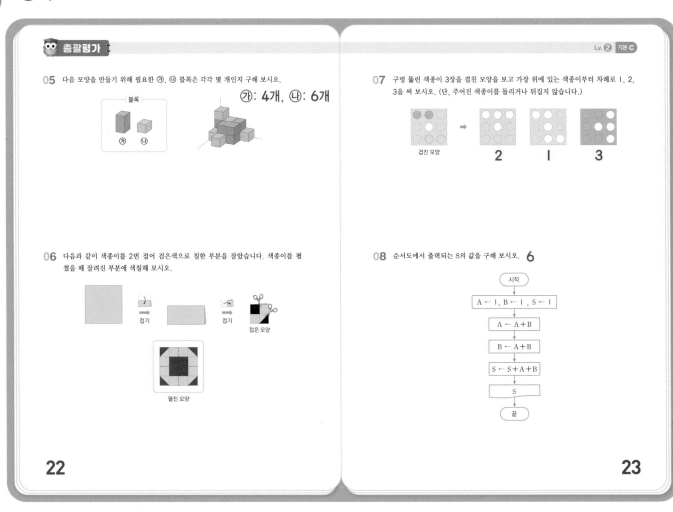

05 다음 모양을 만들기 위해 필요한 ㉮, ㉯ 블록은 각각 몇 개인지 구해 보시오.

㉮: **4개**, ㉯: **6개**

블록

㉮ ㉯

06 다음과 같이 색종이를 2번 접어 검은색으로 칠한 부분을 잘랐습니다. 색종이를 펼쳤을 때 잘려진 부분에 색칠해 보시오.

접기 → 접기 → 접은 모양

펼친 모양

07 구멍 뚫린 색종이 3장을 겹친 모양을 보고 가장 위에 있는 색종이부터 차례로 1, 2, 3을 써 보시오. (단, 주어진 색종이를 돌리거나 뒤집지 않습니다.)

겹친 모양 → **2** **1** **3**

08 순서도에서 출력되는 S의 값을 구해 보시오. **6**

시작
A ← 1, B ← 1, S ← 1
A ← A+B
B ← A+B
S ← S+A+B
S
끝

22

23

---

05 왼쪽 모양에서 분홍색 블록이 없을 때의 모습을 생각해 봅니다.

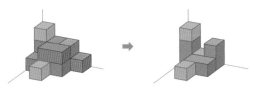

오른쪽 모양에서 보라색 블록은 3개, 연두색 블록은 3개이므로 주어진 모양을 만들기 위해 필요한 보라색 블록은 4개, 연두색 블록은 6개입니다.

06 접은 순서와 반대로 펼친 모양을 생각하여 그립니다. 잘려진 부분은 접은 선을 기준으로 대칭입니다.

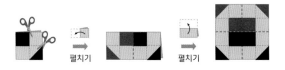

펼치기 → 펼치기

07 겹친 모양에서 노란색 색종이가 가장 위에 있습니다.

또한 위의 그림과 같이 노란색 색종이의 ◯ 표시된 구멍의 위치에서 보면 연두색과 파란색 색종이가 모두 막혀 있는데 겹친 모양에서 연두색이 보이므로 둘째 번으로 놓인 것은 연두색 색종이, 셋째 번으로 놓인 것은 파란색 색종이입니다.

08

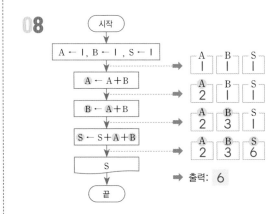

시작
A ← 1, B ← 1, S ← 1 → A 1 B 1 S 1
A ← A+B → A 2 B 1 S 1
B ← A+B → A 2 B 3 S 1
S ← S+A+B → A 2 B 3 S 6
S
끝 → 출력: **6**

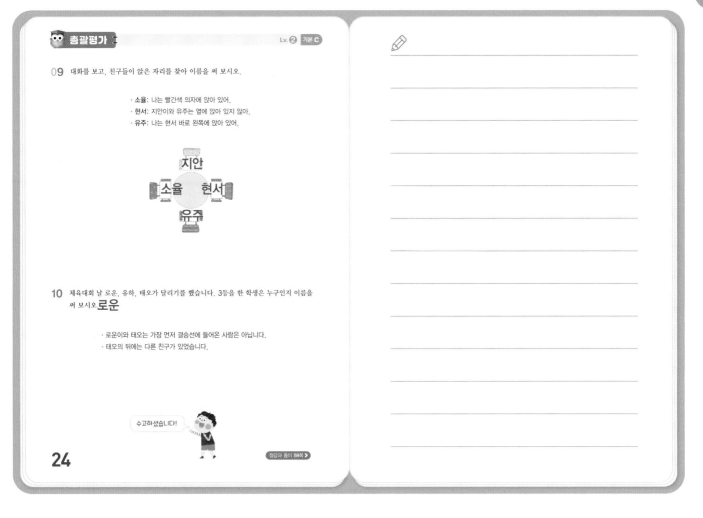

09
- 소율이는 빨간색 의자에 앉아 있습니다.
- 지안이와 유주는 옆에 앉아 있지 않으므로 노란색 의자와 파란색 의자에 앉아 있는 2가지 경우가 있습니다.

  경우1 유주가 노란색 의자에 앉아 있는 경우:
  지안이는 파란색 의자, 현서는 빨간색 의자에 앉아 있습니다. (×)

  경우2 지안이가 노란색 의자에 앉아 있는 경우:
  유주는 파란색 의자, 현서는 보라색 의자에 앉아 있습니다. (○)

10
- 로운이와 태오는 가장 먼저 결승선에 들어온 사람이 아닙니다.
  ➡ 유하가 1등입니다.
- 태오의 뒤에는 다른 친구가 있었습니다.
  ➡ 태오는 3등이 아닙니다.

따라서 3등을 한 학생은 로운입니다.

MEMO

MEMO

MEMO